盆栽花园——阳台微型花境设计

[英] 大卫·斯夸尔（David Squire） 著

欧静巧 译

中国水利水电出版社

www.waterpub.com.cn

·北京·

内 容 提 要

盆栽庭院使许多只有一个阳台但又喜爱园艺的人过足了园艺瘾。窗槛花箱和吊篮、墙篮、花槽、花盆和小水缸都是非常受欢迎的盆栽容器；用于种植蔬菜、草本植物、球根植物和夏季观花植物的栽培袋也是实用方便的选择。盆栽容器和植物的种类几乎没有尽头，种植桶中的草莓、赤陶制花盆中的苹果树、挂在墙上和栅栏上的观花藤蔓植物、盛有夏季花卉的手推车和装着微型针叶树、高山植物和小型球根植物的石槽，这些都是盆栽园艺的组成部分。如果你渴望在小小的空间里创造一个盆栽庭院，那就从翻开本书开始吧。

北京市版权局著作权合同登记号：图字 01-2020-3010

Original English Language Edition Copyright © Home Gardener's Container Gardens
Fox Chapel Publishing Inc. All rights reserved.
Translation into SIMPLIFIED CHINESE Copyright © [2022] by CHINA WATER
& POWER PRESS, All rights reserved. Published under license.

图书在版编目（ＣＩＰ）数据

盆栽花园 ：阳台微型花境设计 ／（英）大卫·斯夸
尔著 ； 欧静巧译. -- 北京 ：中国水利水电出版社，
2022.11
　（庭要素）
书名原文：Home Gardener's Container Gardens
ISBN 978-7-5226-1078-8

Ⅰ．①盆… Ⅱ．①大… ②欧… Ⅲ．①盆栽—观赏园
艺 Ⅳ．①S68

中国版本图书馆CIP数据核字(2022)第215953号

策划编辑：庄　晨　责任编辑：杨元泓　加工编辑：刘铭茗　封面设计：梁　燕

书　　名	庭要素 **盆栽花园——阳台微型花境设计** PENZAI HUAYUAN——YANGTAI WEIXING HUAJING SHEJI
作　　者	［英］大卫·斯夸尔（David Squire） 著　欧静巧　译
出版发行	中国水利水电出版社 （北京市海淀区玉渊潭南路 1 号 D 座　100038） 网址：www.waterpub.com.cn E-mail：mchannel@263.net（万水） 　　　　sales@mwr.gov.cn 电话：（010）68545888（营销中心）、82562819（万水）
经　　售	北京科水图书销售有限公司 电话：（010）68545874、63202643 全国各地新华书店和相关出版物销售网点
排　　版	北京万水电子信息有限公司
印　　刷	天津联城印刷有限公司
规　　格	210mm×285mm　16 开本　5 印张　153 千字
版　　次	2022 年 11 月第 1 版　2022 年 11 月第 1 次印刷
定　　价	59.90 元

凡购买我社图书，如有缺页、倒页、脱页的，本社营销中心负责调换
版权所有·侵权必究

前言

在盆栽容器中种植植物从未像现在这样流行，它使许多没有花园，而只有一个阳台或小露台的人能够从事园艺并从植物种植中获得乐趣，还使坐在轮椅上或不如早年那般活跃的人能够从事园艺。

栽培植物的容器范围广泛，包括窗槛花箱和吊篮，这也许是最受欢迎和视觉效果最好的盆栽容器种植的方式。墙篮、花槽、花盆、缸和凡尔赛宫花盆是其他受欢迎的盆栽容器，还有用于种植蔬菜、草本植物、春季球根植物和夏季观花植物的栽培袋。

盆栽容器和植物的种类几乎数不胜数，种植槽和桶中的草莓、花盆和赤陶制花盆中的苹果树、挂在墙上和栅栏上的夏季花的花蔓和层叠植物、盛有夏季花卉的手推车和装着微型针叶树、高山植物和小型球根植物的石槽，它们都是盆栽园艺热情的组成部分。

这本鼓舞人心的全彩指南将指导新手通过盆栽园艺的"入门"阶段，并为发展他们的爱好提供令人兴奋而实用的想法。如果你喜欢植物，并渴望创造一个盆栽花园，那么本书将是您手边的一本令人激动的书。

关于作者

大卫·斯夸尔在与植物打交道方面有着极其丰富的经验，包括栽培类型和原种类型。他在园艺和新闻职业生涯中，撰写了80多本关于植物和园艺的书，其中包括14本专业指南系列丛书。此外，他还对本地原种植物的用途产生了广泛的兴趣，无论是食用、生存，还是在医药、民间故事、风俗中的历史。

季节

在本书中，在季节性划分中提出了建议。由于全球甚至区域性的气候和温度差异，本书采用四个主要季节，每个季节又分为"初期""中期"和"末期"，例如春初、春季中期和春末。如您认为可行，则可将这12个时期应用于您当地历法的月份中。在一些偏北地区，春季的到来可能比偏南地区晚几周。

目录

在盆栽容器中种植植物

植物种植的一种流行方式是将植物种植在各种有吸引力的盆栽容器中，并将它们放在露台和台阶上，以及庭院和花园中的各个地方。盆栽容器包括吊篮和窗槛花箱，它们可在腰部高度或视觉区域带来色彩；还有一些放置在地面上，屋顶的边缘、门廊和游廊以及台阶的两侧。

什么是盆栽园艺？

花园中的盆栽容器

- 花园中使用的盆栽容器范围广泛，第 2～3 页对许多盆栽容器进行了说明和描述。有些盆栽容器用于种植单季植物，如夏季观花的花坛植物，而另一些盆栽容器则为小型灌木、乔木和针叶树等全年植物创造家园。

- 不要把花园里"用盆栽容器种植的植物"与从园艺中心购买的"盆栽种植"的植物混淆起来。盆栽种植的植物要从盆栽容器中取出，然后种植到花园的土壤中。另外，它们也可以种植在装饰性盆栽容器中。

为什么要在盆栽容器中种植植物？

在盆栽容器中种植植物既有好处，也有坏处，下面是其中的几个例子。

优点：
- 植物可以摆放在你想要摆放的地方（通常是房子附近），这样很容易观赏。
- 芳香型植物更容易被人欣赏。
- 可以进行季节性的改变。
- 成功与否不取决于花园土壤的质量（有可能受到病虫害的侵扰）。

缺点：
- 植物需要定期浇水，特别是在夏季和盆土量少的时候。
- 对许多植物来说，定期养护和关注是必不可少的。
- 植物的范围仅限于那些在盆土量少的情况下也能繁茂生长的植物。

水景

在露台中可以使用带有石槽和花盆的微型池塘（见第 64 页）。

例如卵石池，喷泉在浅底的卵石池中喷水（这是蹒跚学步的孩子们生活的理想场所，因为在最坏的情况下，他们只是被水弄湿）。

吊篮有助于在地面上方创造趣味。

阳台园艺

盆栽园艺是阳台的理想选择。以下是一些建议。

- 放置在阳台地板上的花槽，蔓生的茎和花在地板上层层叠叠地向外延伸。
- 陶制花盆里长满色彩鲜艳的夏季观花植物，牢牢地固定在装饰性栏杆的顶部。
- 种植在花盆里的植物稍显娇嫩，可在冬季转移至室内，但仍可创造出阳台展示。朱蕉、龙舌兰以及丝兰，都是优秀之选。

整个夏季，开花的秋海棠在花盆中绽放出多种鲜艳的花朵。

盆栽容器的种类

许多类型的盆栽容器都可以用于种植，基本上它们只需要容纳足够的土壤和堆肥来支撑植物，打造一个坚实的基础，具有吸引力并与周围环境相得益彰。正式的盆栽容器是整齐和简约风花园的理想选择，而乡村类型的盆栽容器则更能体现轻松和随和气氛的田园风花园。适合的建筑材料包括木材、金属、玻璃纤维、塑料和再造石料，甚至是用过的汽车轮胎。

保持凉爽！

一些盆栽容器的材料，如木材，在夏季升温缓慢，在寒冷的冬季也能为土壤和根部提供保温。其他材料，如薄塑料和金属，在夏天迅速升温，并很快加热土壤。

玻璃纤维的导热性较差，而陶器和再造石盆栽容器在夏天可以保持根部凉爽。

盆栽容器的选择

窗槛花箱

有几种材料可用于建造窗槛花箱。

- 木头是理想的材料，可以根据大多数窗台量身定做，但不能超过 75cm 长。最好使用木质窗槛花箱作为外部盆栽容器，里面放一个 60cm 长、20cm 宽、20cm 深的塑料槽状箱，可以根据季节更换其他植物。
- 塑料的窗槛花箱又厚又硬，看似很耐用，但强烈的阳光常常会使它们降解，因此会变得很脆。所以，它们最好作为内部盆栽容器使用。
- 赤陶的颜色和质地与植物相协调。如果被敲打，赤陶会出现裂纹。
- 再造石料创造了一个有吸引力的特征，但太重了，除非放置在混凝土的窗台上。
- 玻璃纤维寿命长，经常被用来模仿铅和其他金属。如果掉落，它很可能会破裂。
- 有时还可以使用带有华丽纹理的金属窗槛花箱。它们在夏天很快升温，最好和一个内置的塑料盆栽容器一起使用。

↑ 长满了五颜六色、香气扑鼻植物的窗槛花箱给房子和露台带来色彩和芳香。

吊篮

有几种材料可用于制作吊篮。

- 线框花篮很受欢迎，有多种尺寸，从 25cm 到 45cm 宽。大多数都有塑料涂层，可防止腐蚀，确保拥有更长的使用寿命，且更具吸引力。
- 塑料吊篮有助于防止土壤迅速干燥。它们有多种颜色可供选择。在大厅和门廊，水从花篮的底座上滴下来会是一个问题，但那些底座上带有盛水盘的花篮则是理想选择。它们有不同的宽度和深度等多种设计，适合不同的位置。
- 花篮的内衬材料对于线框花篮是必不可少的。石炭藓是一种传统的衬垫材料，但现在专有的衬垫以及黑色塑料也很受欢迎。有些衬垫有助于保持花篮里的水分。

↑ 吊篮是整个夏天让眼部高度的区域享受色彩的绝佳方式。

花槽

花槽的形状和比例与窗槛花箱大致相同，但由于它们位于地面上，因此花槽可以更大，并容纳更大的植物。这些装饰性的盆栽容器是种植一些烹饪草本植物的理想盆栽容器，适合放置在厨房门附近。

- 玻璃纤维很结实，可以赋予其华丽的金属外观。它最适合用于相对较小的槽。
- 再造石料花槽通常很大，具有装饰性，表面不拘一格，很随意。它们的购买成本很高。
- 木制花槽适合于乡村环境，由木板或树皮制成。
- 赤陶花槽是放置在露台或台阶边缘的理想选择，或放在房屋墙边，与陶制花盆和花桶相结合使用。但陶土盆栽容器很容易因撞击而损坏。
- 塑料花槽是寿命很短的盆栽容器，当蔓生的茎和花朵遮盖它们的侧面时看起来最漂亮。

盆栽容器的其他选择

花桶、陶制花盆和缸

它们都有不同的用途，以及不同的结构材料。

- 木制的花盆适合于轻松和随意的展示，要确保在底座上有排水孔，每个盆子下面需要垫上3～4块砖。
- 凡尔赛宫花盆（方形、盒状盆栽容器）通常是用木头做的，但有些是用玻璃纤维做的。
- 花盆架传统上是由铅制成，但现在这些都是用玻璃纤维仿制的。
- 混凝土盆栽容器，也许是浅的和圆锥状的，很受欢迎，但不适合乡村环境。因为它们的侧面和底座都很厚，难以移动。
- 陶制花盆和花罐有着自然的外观，是许多类型植物的理想选择。
- 再造石料缸很有特色，是夏季花卉和其他季节性植物的理想选择。

镂空花盆

有些盆栽容器的侧面有凹陷的开口，可以在其中种植草本植物、草莓和球根植物等。许多家庭自制的盆栽容器，如侧面开有窗户的小桶，是天竺葵等夏季观花植物的理想选择，或者是寿命更长的植物，如能长出密集的常绿莲座状长生草属植物的理想选择。

在这些盆栽容器中，良好的排水性是必不可少的，特别是对于在盆栽容器中生长数年的草本植物和草莓。

↑ 在花盆里种植的草莓不仅外观不错，而且比买来的草莓味道更好。

↑ 要想有原创的展示，可以使用在一侧挖出窗口的小桶。

其他发现

许多阁楼和花园棚屋里都闲置着一些美观的工艺品，可以掸掉灰尘，用作植物盆栽容器。这些物品包括金属茶壶和水壶、废弃的浇水壶和旧烟囱筒，其中一些可以单独使用；而另一些可以相互结合使用，效果也不错。

← 小型的装饰性盆栽容器中的植物需要定期护理。

→ 将一个吊篮放在一个宽大的旧烟囱筒上，尝试不同的混搭风格。

露台中的栽培袋

栽培袋的购买成本不高，但却能给露台增添大量的色彩和趣味。

- 在栽培袋中种植西红柿，使用竹杖或专有结构来进行支撑。
- 在秋季用栽培袋种植春季开花的球根植物，可以重新利用早先用于种植西红柿的栽培袋，在上面加些泥炭。
- 在平顶车库的边缘放置种有夏季观花的花坛植物的种植袋。

盆栽容器中的微型水景花园

一个老旧深层的石制水槽可以在露台中创造一个微型水景花园，也可以使用木制花盆，植物在选择上常用微型水生植物。

微型水景花园是露台和小型花园的理想选择。

小型盆栽容器是微型水生植物夏季专用的住所。冬天需将它们转移到温室或暖房中。

盆栽植物的选择范围

适合盆栽种植的植物包括夏季和春季观花的花坛植物以及小型灌木、乔木和针叶树。竹子以及草本植物、蔬菜和水果都是可以选择的植物。石制花槽中的小型高山植物，以及花盆或深层石制水槽中的微型水生植物，也都是值得选择的。本节它们展示了一系列适合在盆栽容器中生长的植物，其中许多肯定会激发你的想象力。

盆栽中的植物

在容器中种植植物的核心问题是，可用来创造稳定性以及供应水分和养分的土壤数量有限。此外，由于盆栽容器暴露在外，而且可能被放置在窗台、阳台边缘和墙顶上，它们很容易受到强风的冲击，在夏季受到强烈阳光的照射，在冬季受到冰冻天气的影响。然而，盆栽园艺爱好者们从来没有停止过对它们的奉献，并在全年中无一例外地使他们的花园充满色彩。这也是在小型花园里种植植物的一种理想方式。

盆栽中的水果

桶栽草莓或草莓盆栽是很受欢迎的盆栽水果（容易种植，而且植物几年后就会结出果实）。矮化砧木栽培的苹果，如 M27 和 M9 这 2 个栽培品种，可以在大花盆中种植。

夏季观花的花坛植物

这些植物在夏季被广泛种植在陶制花盆、花桶、花槽、窗槛花箱和吊篮中。

- 可以在冬末或春初的温和的环境中播种，然后慢慢适应春末或夏初的室外环境（取决于天气和你所在的地区）。
- 也可以购买幼苗，直接种植在盆栽容器中。

耐寒的花境植物

这些植物可以在花桶或大型陶制花盆里种植几年，到了拥挤时，就需要换盆和分株。

- 这些植物中有些是草本植物，有些在整个冬季都会保留部分或全部的叶子。
- 购买健康、成熟的植物，最好在春天或夏初种植。
- 花境植物，如玉簪，对害虫的防护能力甚微，容易受到蛞蝓和蜗牛的侵害。

小型灌木

观花和观叶灌木都可以在花桶和大型陶制花盆中种植。随后，可以将它们移栽到花园。

- 观花灌木是季节性的，有些在春天开花，也有些在夏天开花。
- 常绿灌木（特别是变种类型）全年都具有观赏性。
- 茎叶坚硬的灌木，如丝兰，是地中海风格花园或规范花园的理想选择，因为那里需要尖锐而简约的线条。

小型乔木

小型乔木也可以用于盆栽，特别是生长慢，在冬季无法抵御强风的吹袭，它们的根部会在土壤中被摇晃和松动。

- 美丽的落叶灌木紫羽毛槭在整个夏季形成一个低矮的树冠，叶子呈深裂的铜红色。
- 羽毛枫与之关系密切，是鸡爪槭的两个品种，形状相似，有细密的绿叶。

球根植物

　　冬季、春季和初夏开花的球根植物是盆栽的理想选择。球根植物拥有丰富的养分储备，是自然界中最能创造色彩的植物之一。

- 微型冬季和春季观花类型的球根植物最好种植在水槽花园中，在那里它们与小型岩石花园植物能够很好地结合在一起。
- 初春开花的球根植物，如黄水仙，会充满蓬勃生机，使盆栽容器充满色彩。

草本植物

　　许多烹饪用的草本植物都可以在盆栽容器中种植。虽然月桂的外观高大、雄伟，但却是花桶或大型陶制花盆的理想选择，而小型草本植物则更适合在陶制花盆和种植槽中种植。

- 在侧面有杯状孔的花盆中尝试混合种植香葱、百里香和鼠尾草。
- 将薄荷种植在独立的花盆中，以限制其自然蔓延。
- 将欧芹播种在小而华丽的盆栽中，这样可以完美地衬托出浓密卷曲的中间的绿叶。

攀缘植物

　　攀缘植物带来了纵向的色彩（一些仅是一年生植物，而另一些则是多年生植物）。

- 在大型陶制花盆种植大花铁线莲，然后让它在华丽的栏杆上蔓延。
- 初夏时节，在大花盆中种植香豌豆幼苗（它们将在整个夏天绽放色彩）。
- 在花盆里种上黄叶啤酒花，用 1.5m 高的花园藤架进行支撑。

竹子

　　有几种竹子是种植在花桶或大型陶制花盆的理想选择，它们非常适合在日式庭院中种植。

- 将矮的竹子种在大型陶制花盆里，高的竹子种在花盆或方形花箱里。
- 将盆栽放在阳光直射不到的地方，远离强风。
- 当植株变得拥挤时，在春末可将其移植到一个更大的盆栽容器中；或将其脱盆，分株并重新栽入 2～3 个花盆中。

蔬菜

　　许多具有纤维性或浅根的蔬菜都可以在盆栽容器中成功种植。

- 新鲜的马铃薯可以放在大型陶制花盆和栽培袋里，有专供马铃薯种植的盆栽容器。
- 西红柿很适合在陶制花盆中种植，并放置在温暖、有遮挡的露台中。
- 莴苣非常适合在栽培袋中种植并放置在露台上（但仅限于蛞蝓和蜗牛无法触及的地方）。

水景花园植物

　　可在花盆或深层的石槽中种植。花盆比石槽好，因为它们能隔绝极端温度的水。

- 微型、不容易蔓延的水生植物是理想的选择，包括金色苔草（也称为鲍尔斯金苔草）、小香蒲和斑马纹蔗草（也称为花叶水葱，通常称为斑纹灯芯草），茎部呈白色和绿色带状。

前厅和门廊

　　前厅和门廊是种植耐寒植物的理想场所，许多植物种植在吊篮里时都非常出色。然而，它们都不能在类似霜冻的条件下生存。

- 有几种适合室内种植的蕨类植物，如芽胞铁角蕨（铁角蕨）和天门冬（文竹）。
- 开花的意大利风铃草（伯利恒之星）耐寒性适中，夏天开星状的蓝色花朵。

矮生针叶树

　　矮小和生长缓慢的针叶树是全年保持形状、颜色和趣味的理想选择，无论是在花桶或大型陶制花盆中，还是聚集在大型花槽里。

- 将针叶树放在强风、直流风或狂风的地方，这对它们来说是危险的。
- 在多风地区，将针叶树种植在厚重的盆栽容器中，给它们一个坚实的基底，并使用以壤土为基础的盆栽土壤。
- 确保盆栽土壤在夏季不会过于干燥，在冬季不会过于湿润。

盆栽的摆放和使用

一些盆栽可以放在露台、房屋周围或花园中许多不同的、富有想象力的位置上。它们可以用来突出一些特征，如露台窗户、门廊和台阶，以及引导人流切误撞到打开的平开窗。它们也是在花园中打造焦点的理想选择。窗槛花箱只用于窗台，但它们仍然是盆栽园艺的一个重要组成部分。

四季皆宜的窗槛花箱

窗槛花箱是全年为窗户增色的极佳之选。春天的景象一结束，就可以在原地摆上夏天的花。到了秋天，这些花都谢了，冬天的花就可以取而代之了。窗槛花箱的摆放需要注意的是，对于上下推拉窗（两个玻璃框架垂直升降），窗槛花箱可以放在窗台上；对于平开窗（其外缘是铰链式的，在窗槛花箱的上方打开），窗槛花箱最好放在窗下坚固托架上。

花桶和陶制花盆

花桶和陶制花盆的组合在露台和台阶上形成有吸引力的特征，在一个隐蔽的角落、厨房门上、或露台附近聚集成小簇。

- 在小簇中，植物可以互相提供轻微的保护，避免强风的侵袭，并创造一个稍微潮湿的迷你环境。
- 通过单独或分组使用陶制花盆，可以使台阶的顶部更具装饰性。在顶部装饰低矮的植物，而在底部装饰较高的植物（可以是直立的、叶子颜色鲜艳的针叶树）。

花槽

花槽是多功能的盆栽容器，可以单独或与成群的陶制花盆一起创造出迷人的展示。

- 小型花槽是为地面庭院边缘增色的理想选择，或者借助金属支架安装在栏杆的顶部。
- 一个装饰性的花槽，两边有一个盛满鲜花的陶制花盆，放在窗前看起来非常美观。在窗户和花槽之间留出空间，这样可以方便浇水和打理。

墙篮

墙篮是创造华丽景象的盆栽容器。线框墙篮有各种形状和尺寸，选择适合其悬挂的建筑的风格、形状和尺寸。

- 墙篮非常适合放置在窗户下，而小型墙篮更适合放在光秃且需要增亮的墙壁上。
- 可以将墙篮、花槽和盆栽结合使用。
- 将墙篮放在阳台的墙壁上，也可以在门的两边，但要确保门能自由打开。

花桶

花桶以及方形和盒状盆栽容器是种植灌木和乔木的理想选择，它们可以创造出引人注目的特色。

- 使用两个大型盆栽容器，在每个盆栽容器中种植只有一半标准高度的月桂树，把它们放置在入口处的两侧；也可以种植完整的标准乔木，但显得它们太过突出，当然也更容易受到强风的破坏。
- 圆形花桶充满了随意，适合种植圆顶的灌木或小型乔木。

微型水景花园

将微型水景花园放置在光线微弱或多变的阴凉处，以确保水温不会过热。此外，还要避免悬垂的树木。

- 将水景花园放置在每天都能轻松打理的地方。在盛夏时节，需要定期加水以补充蒸发掉的水分。
- 将一个微型水景花园和一个老旧的浅层石制水槽组合在一起，种植小型岩石花园植物和微型球根植物，总是能吸引路人的注意。
- 添加一个小喷泉以保持水的流动，减少蚊子在水中滋生的可能性。

栽培袋

栽培袋比大多数其他盆栽容器更通用、更经济（虽然美观性较低）。

- 西红柿、莴苣和其他蔬菜是栽培袋种植的热门之选，将它们放置在阳光充足的地方，并在初夏时节避开寒风。
- 将它们与低矮的烹饪草本植物一起种植，并将它们放置在厨房门口附近。
- 要种植用于室内装饰的花卉，可与自给自足的花坛植物一起种植，并将它们种植在旁边单独的位置。

陶制花盆和种植盆中的草本植物

草本种植盆是放置在露台和厨房门口附近的理想选择。草本植物也可以种在陶制花盆里，这些植物最好以小簇的形式展示，或与草本植物种植盆相互结合。

- 草本植物种植盆具有不拘一格的外观，是乡村庭院的理想选择，也许可以用旧的石板铺面，中间留有空隙的地方，种植百里香等小型植物。
- 尝试将草本种植盆放置在花坛尽头的铺路石板上。

吊篮

吊篮用途广泛，可用许多令人兴奋和丰富多彩的方式进行种植。这里有几种展示情况可以考虑。

- 在窗户的两侧各放两个吊篮，使其展示的边缘略微进入窗框。
- 沿着阳台的边缘悬挂一些吊篮。
- 挂在车棚的两端，使其变得色彩鲜艳，但要确保你不会撞到花篮。
- 枯燥沉闷的院墙很快就会因为增加一个吊篮而变得明亮起来。

水槽花园

矮层石制水槽有一种随意感，与轻松的村舍花园交相辉映。

- 如果你有多个水槽花园，将它们放在不同高度的位置上。由四根华丽且结构良好的砖块组成的支柱使植物更容易被欣赏和打理。
- 坐在轮椅上的种植者喜欢高大稳固的水槽花园。
- 水槽花园的位置可以引导人流，或许可以摆放在远离建筑物的角落或窗户下。

手推车

当一辆手推车被色彩鲜艳的夏季观花植物铺满时，它就成为了人们关注的焦点——甚至是露台或前花园的焦点。

- 在装满植物之前，一定要先把手推车放好。当装满盆栽土壤和植物并且浇水充足时，其重量可能会妨碍手推车的安全移动，应当避免倒塌的危险。
- 摆放位置时，将手推车的前端倾斜地朝向主要欣赏区域。

季节性展示

通过在窗槛花箱中使用季节性植物的布置，有可能在一整年中都创造色彩。吊篮大多用于夏季展示，而墙篮则是春夏两季的理想选择。花盆通常种植多年生植物，如小型灌木、乔木和针叶树，这些植物能在几年内都保持吸引力。水槽花园适合春季和初夏时节，微型水景花园适合整个夏天。

如何收获最多的色彩和趣味

花园越小，就越难在一年中创造出趣味性的花境。然而，通过使用盆栽容器，就有可能在每个季节（包括冬季）都色彩迷人。

窗槛花箱每年有三个不同季节的展示周期，所以它们在室外和室内都是极好的观赏对象。关于以这种方式使用窗槛花箱的原理，请参阅第51页。

在室外展示的吊篮只带来夏季的色彩，但如果种上充满活力的室内植物，放在前厅或门廊里，就可一年四季都保持趣味性。

墙篮和花槽可以在秋季种植球根和两年生植物，在春末夏初的展示结束后，再种植夏季观花的花坛植物。

> ### 季节
>
> 在本书中，对季节的划分提出了建议。由于全球甚至各地区气候和温度的差异（即使在160公里的距离内，春天的到来也可能相差一周或更多），本书采用四个主要季节，每个季节又分为"初期""中期"和"末期"，例如初春，春季中期和春末。如认为可行，则可将这12个时期应用于您当地历法的月份中。

春季展示

窗槛花箱

春季观花植物（从球根到耐寒的两年生植物）范围广泛。这里有两种安排，可以创造令人激动的展示。

混搭展示（两年生植物和球根）：重瓣雏菊（Bellis perennis）、勿忘草（Myosotis）、葡萄风信子（Muscari armeniacum）、格里克郁金香（Tulipa greigii）、福斯特郁金香（Tulipa fosteriana）

和桂竹（Erysimum cheiri）。

混搭展示（主要是球根和西洋樱草）：风信子（Hyacinthus）、丹佛鸢尾和网脉鸢尾（Iris danfordiae and Iris reticulata）、水仙花（Narcissus）、多花报春（Primula polyantha）和格里克郁金香（Tulipa greigii）。

花槽中的色彩

摆放在地面上、靠近房屋或露台墙壁避风位置的花槽是春季小型喇叭水仙花的理想选择。但是，如果暴露在春季的狂风中，花和茎很快就会被损坏。从厨房或客厅的窗户可以看到和欣赏到的花槽是一个加分的亮点。

花盆中的色彩

花盆比花槽更适合在春季进行主导性展示。在秋季，单株郁金香幼苗与风信子混合种植。郁金香长到30～38cm高，色彩丰富。风信子比较矮，颜色有白色、粉色、红色和蓝色。为了增加色彩，并柔化花盆的两侧，可以在边缘种植杂色的小叶紫罗兰。

> ### 栽培袋
>
> 秋季，在种植了一些西红柿之后，清除所有的植物残余，铺上湿润的泥炭，并种植一些春季开花的球根植物。好好浇水并将栽培袋放置在阴凉处，到了来年春季，这些球根植物将绽放满园春意。

夏季展示

吊篮

对许多盆栽园艺爱好者来说，吊篮是在露台和房屋周围引入夏季色彩的最佳方式。由于它们在眼睛的高度位置创造了色彩，因此整个夏天出现任何的瑕疵损伤都能很快被注意到。以下有几个提示。

- 不要种植太多的植物。一旦成型，数量较少但个头较大且健康的植物会比量多但养分不足的植物看起来更美观。
- 不要种植太多不同类型的植物。一个种植了十几种不同植物的吊篮看起来不如虽有12棵植株但只有4～5种植物的吊篮效果好。

窗槛花箱

窗槛花箱可种植的夏季观花植物的范围广泛；有些是直立且茂盛的，而有些则是蔓延的，有助于遮盖盆栽容器的两侧，以下有两种混合型植物可以考虑。

- **混搭展示**（从观花为主）：夏季观花的三色堇、香雪球、山梗菜、球根秋海棠和马蹄纹天竺葵。
- **混合展示**（观花和观叶）：地肤、凤仙花、高代花、金叶过路黄和山梗菜。

↑ 灌木和蔓生植物的组合对于一个均衡和谐的花箱来说是必不可少的。

装饰性陶制花盆

↑ 大小和形状各异的陶制花盆在露台和阳台上创造出令人激动的景色。有些可以是一个单一的颜色主题，有些则是各种色调的混合。花篮里装着植物陶制花盆，为展示带来了田园风的变化。

冬季展示

窗槛花箱

冬季的窗槛花箱主要依靠常绿的小型灌木，用有斑纹的蔓生植物来柔化花箱的边缘。如果是小型灌木，只展示一季，之后再种在大花盆或花园里。因为冬季观花的窗槛花箱通常在每年秋天重新种植，这是一个尝试各种植物的机会。以下有几种类型可以考虑。浆果类灌木：选择小型、浆果含量高的植物。矮生针叶树：范围广泛，有许多诱人的颜色。常绿灌木：这些植物的范围广泛，从杂色的花叶青木到全绿色的类型，又如匍枝白珠树。观花灌木：这些灌木比常绿类型更加有限，但包括冬季观花的欧石楠。小叶花叶常春藤：有许多色彩丰富的品种。

花盆

→ 威尔顿平枝圆柏（Juniperus horizontalis "Wiltonii"）生长缓慢，匍匐蔓延，高15～20cm，6年后可蔓延至约1m宽。然而，当它处于幼树期时，以其明亮的蓝色、密集的叶子创造了一个有吸引力的特征。它需要一个宽大的盆栽容器，以便它能够伸展。

← 埃尔伍德美国扁柏（Chamaecyparis lawsoniana "Elwoodii"）是一种生长缓慢的针叶树，最终可长到1.8m高，但幼树期非常适合种植在窗槛花箱里，因为它长满了深绿色的叶子。另一个选择是叶子金黄色的品种。

← 有几种茵芋的浆果可以保持到冬季，它们明亮的浆果在露台的花盆中会产生更多的变化。将它们放在盆栽的中心位置，以保护它们不受鸟类的侵害，因为鸟类很快就会破坏这些植物。

对比与和谐

如何创造良好的色彩组合

产生有吸引力的色彩与和谐对比，只是选择适合其背景的植物的问题。本页推荐了一系列植物，它们适合白色、灰石、红砖或深色的墙壁，在春夏两季都适用。其中一些植物形成了鲜明的对比，很快就吸引了人们的注意力，而另一些植物则在和背景的互动之间产生了温暖而微妙的和谐。

绿色的影响

绿色是花园中最常见的颜色，叶子的表面纹理强烈影响着人们对其颜色的感知。

- 一个表面光滑的叶子，光线从某个角度照射到它，反射出光线的颜色比从哑光的表面反射的相同光线更加纯净。
- 在自然界中，很少有植物表面像玻璃一样光滑，大多数叶子的表面都会发生反射光的散射。

光线的改变

一天中，光的强度会发生变化，从而影响其感知。

- 灰白的颜色在早晨的光线中最先被辨认出来，在傍晚和黄昏时分最后也能被看到。
- 相反，深色的颜色，如深红色和紫色，通常是早晨最后看到的颜色，在黄昏时最先消失。

浅色、明亮的颜色即使到了深夜也仍然引人注目。

白色背景

春季展示

白色背景是突出黄色、金色、红色、猩红色和深蓝色花朵，以及作为中性色的绿叶的理想选择。可选择一些组合进行搭配展示，如：勿忘草和金色的桂竹香，重瓣雏菊和红色的桂竹香；蓝色、红色风信子和春季开花的番红花，大花杂种菊黄番红花。

夏季展示

夏季的色彩对比展示范围要比春季的大。可选择的搭配组合如下：金色的万寿菊，深红色的天竺葵和黄色的百日菊，在展示中加入娇嫩的密花天门冬；蔓生的红花旱金莲和黄色的蒲包花，其花朵呈袋状，再加入大量的密花天门冬。

灰石背景

春季展示

灰石墙增强和突出了粉红色、红色、深蓝色和紫色。可选择的搭配组合如下：对于阳光充足的位置，在盆栽中种满红色、深红色、紫色或猩红色的桂竹香；深蓝色勿忘草和粉红色或蓝色风信子；要想有一个独特、简约的展示，只需搭配蓝色的风信子。

夏季展示

有许多极品花卉可以创造出与众不同的展示。可选择的搭配组合如下：深蓝色的山梗菜和大红色的天竺葵；蓝色的意大利风铃草和蓝色的紫罗兰；矮牵牛花、意大利风铃草、粉色花的常春藤叶型天竺葵和深红色天竺葵。

红砖背景

春日展示

红砖砌成的墙形成了以颜色为主导的背景，除非是用于大面积成簇的植物，否则会盖过植物的风头。可选择开白色、淡蓝色、银白色和柠檬色花朵的植物。红色砖墙也突出了银叶植物。可选择以下搭配组合：浅蓝色的勿忘草和白色风信子；古铜色、奶油色的桂竹香与白色雏菊。

夏日展示

有许多华丽的花卉可供选择，可以创造出丰富多彩且独特的展示效果。可选择以下搭配组合：在阳光充足的地方种植白色混合的蓬蒿菊，淡蓝色的紫罗兰、蔓生半边莲和银白色叶子的银叶菊；或是选择香雪球，淡蓝色的紫罗兰及银白色叶子的银叶菊。

暗色背景

春日展示

暗色背景与明亮和浅色形成了强烈的对比，与红砖背景相比，其产生的对比更为强烈。可选择以下搭配组合：黄色或白色混合密集的风信子；白色风信子和黄色菊黄番红花的强烈对比组合。为了增添色彩及柔化花盆的边缘，还可种植杂色的小叶洋常春藤。

夏日展示

在夏季，有更多的植物可用于形成鲜明的对比。可选择以下搭配组合：将蔓生的黄花圆叶过路黄种植在蒲包花和黄色秋海棠的旁边。为了追求更多的颜色，可种植黄色叶子的金叶过路黄。

墙篮

红色和黄色的花卉与白墙形成鲜明的对比。

粉红色、红色、深蓝色和紫色的花卉是灰石墙的理想选择。

红色砖墙突出了白色和蓝色花卉。

墙篮被固定在墙上，因此背景和植物之间的对比与和谐显而易见。以下是几种可参考的植物搭配组合。对于沿着白墙种植的植物：可用黄色、金色、红色、大红色和深蓝色的花卉，以及绿色的观叶植物。◆ 百日菊属、天竺葵属和密花天门冬。◆ 翡翠绿蕨、鲜黄色蒲包花和蔓生红色旱金莲花。

对于沿着灰色石墙种植的植物：可用粉红色、红色、深蓝色和紫色的花卉。◆ 蓝花同叶风铃草、矮牵牛和天竺葵。◆ 瀑布般层叠的红色或粉红色的倒挂金钟、垂枝秋海棠和叶缘乳白色的具柄蜡菊。

对于沿着红色砖墙种植的植物：可用白色、淡蓝色、银白色和柠檬色的花卉以及银白色的观叶植物。◆ 白色郁金香、葡萄风信子和杂色的小叶洋常春藤。◆ 白色的蓬蒿菊、垂枝的淡蓝色的六倍利和蓝色的紫罗兰。

色彩的影响

蓝色与平静有关，据说可以降低血压，减缓呼吸和脉搏。一个需要营造安宁感的花园应该以蓝色为主，而不是暗黑色系。

黄色是明亮和欢快的颜色，据说是智力、希望和丰饶的代表颜色。因此，为了使花园具有思想的独创性和活力，应选择黄花或黄叶的植物。

红色是一种情绪化的颜色，与蓝色相反，据说可以提高血压和增加呼吸频率。它也是性诱惑的颜色，这无疑是脉搏加快的原因。

绿色是自然界的统一颜色，营造了一种凉爽舒缓的氛围。它是其他颜色的理想背景，在盆栽中突出娴静的荫翳和充实强烈的色彩。

打造芳香四溢的露台

各种不同的香味

可以引入到花园和盆景中的香气种类繁多，有新割的干草、欧芹、松脂、紫罗兰、蜂蜜、没药树和茉莉。然而，并非所有的这些香气都会由生长在露台中的盆栽植物所产生，也可以通过在露台旁的地方种植有香味的攀缘植物，且让这些植物沿着棚架或房屋的墙壁生长，使其香味更加浓郁。

芬芳盆栽的分布

如果把种有芬芳植物的盆栽放在一个温暖的、有遮蔽的庭院里，就会产生浓郁的香味。大多数花卉很容易散发香味，有些针叶树的叶子虽有香味，但需要轻轻揉搓才能散发出来。许多种植于盆栽中的小型针叶树有不同寻常的香味，从树脂味到温和的香甜味不等。然而，它们中的某些气味会让人联想到肥皂和油漆。

有些花的香味很容易被察觉，而有些花，如紫罗兰，起初很浓郁，但过了一会儿就完全闻不到了。随后，它又可以被闻到。这只是嗅觉在作怪罢了。

吊篮

吊篮中的土壤量有限，因此最好只种植夏季开花的植物。尽管如此，仍有机会创造令人难忘的香味。

- 香雪球，垂枝品种有新割的干草香味。花朵会吸引蜜蜂，所以要把吊篮放在蜜蜂不会带来隐患的地方。
- 垂枝旱金莲：花有淡淡的香味，叶子捣烂后散发刺激性的气味。

窗槛花箱

许多种植在窗槛花箱里的植物都能散发香味，从小型鳞茎到微型针叶树和夏季花坛植物，不胜枚举。

球根花卉：
- 菊黄番红花：香甜的味道。
- 风信子：强烈的甜味。
- 丹佛鸢尾：蜂蜜的香味。
- 网脉鸢尾：紫罗兰的香味。

夏季开花的花坛植物：
- 开花烟草：非常浓郁的甜味。
- 南美天芥菜：香水草的香味。
- 三色堇：清爽微甜的香味。
- 香雪球：新割的干草香味。

花盆里的植物

种植于花盆里的芳香植物种类繁多，从灌木到百合都有。此外，也可以种些小型针叶树。有些植物还可以种植在大花盆里。

灌木：
- 狭叶银边锦熟黄杨：淡绿色，花朵为蜂蜜的香味。
- 银香菊：叶子为甘菊的香味。
- 迷迭香：叶子为迷迭香的味道。
- 鼠尾草：叶子为鼠尾草的香味。

墙篮

墙篮是打造浓郁香氛中心的理想之选，尤其是那些夏季开花的花坛植物（详见"窗槛花箱"，12 页）。虽然可以在秋季种植散发着芬芳的微型球根植物，但这也往往意味着在夏季开花植物尚未完全绽放之前就要将它们移除。然而，如果这不会成为困扰的话，那就混合种植微型球根植物和显眼且香甜的风信子。这些植物颜色艳丽，但通常白花的香气最为浓郁。由于墙篮中的植物需要定期更换，所以，并不适合种植生长缓慢的微型针叶树。

攀缘植物

一些散发着芬芳的攀缘植物可以在花桶和大型花盆中种植，这些植物包括受欢迎的香豌豆。每年都要培育新生植株。其他攀缘植物更适合种植在露台的边缘，以及沿着棚架生长。其中一些植物有着特殊的香味，包括：

- 华丽铁线莲：山楂味。
- 素芳花：茉莉味。
- 美国忍冬：蜂蜜味。
- 紫藤：香草味。

花槽

摆放在地面上的小型花槽可以用与窗槛花箱相同的方式处理。它们是用于种植生长缓慢的矮生针叶树的理想之选。大型花槽可种植或布满各种各样的植物，包括夜来香和维吉尼亚紫罗兰（详见下文）。许多紫罗兰有着极佳的香气，包括紫罗兰的各种类型。它们散发着丁香的气味，并且已经培育出了四季开花的紫罗兰、布朗普顿群紫罗兰、十周群紫罗兰和东洛锡安群紫罗兰。

夜色与晚香

在窗下和露台之间的地方，色彩艳丽和香味浓郁的夜香紫罗兰和涩荠（弗吉尼亚紫罗兰）的搭配组合是理想之选。它们是最佳拍档——夜来香散发香味，但显凌乱；而开着红色、淡紫色、玫瑰色或白色花朵的弗吉尼亚紫罗兰则呈现出不同的色彩。两者都是耐寒的一年生植物，因此它们可以很容易地养活。

- 夜香紫罗兰：初春至春末，在 6mm 深的土壤处播种，以便开花。幼苗株距为 15 ～ 23cm。
- 弗吉尼亚紫罗兰：初春至春末，在 6mm 深的土壤处播种，以便开花。幼苗株距为 15cm。播种后约 4 周开始开花，花季可持续 8 周之久。

植物与花盆

许多小型、有香味的植物，包括百合和矮生针叶树，都可以在露台中的盆中种植。

百合：
- 天香百合：洁白亮丽，甜蜜芳香。
- 铁炮百合：白花，蜂蜜般的香味。

生长缓慢的矮生针叶树：
- 北美圆柏（铅笔柏）：肥皂与油漆的气味。
- 日本扁柏：温馨的甜香。
- 日本花柏：树脂般的香味。

蔷薇芳香

一些散发着芬芳的蔷薇非常适合种植在露台边上，以创造更多的香气。这些蔷薇包括：

- 红晕诺瑟特蔷薇：丁香般的香味（攀缘月季）。
- 康斯坦斯蔷薇：没药香味（灌丛月季或攀缘月季）。
- "花环"：橘子般的香味（蔓性月季）。
- "利安德尔"：果香（灌丛月季或攀缘月季）。
- "勒内安德烈"：苹果般的香味（蔓性月季）。
- "特朗森月季"：苹果般的香味（蔓性月季）。

夏季观花的花坛植物

夏季开花的花坛植物通常是半耐寒的一年生植物，在冬末或初春温暖的环境中培育，随后，待所有冻害的危险过去之后，再移植至盆栽容器中。它们的颜色和生长方式种类繁多。有些是丛生的，有些则有着瀑布般层叠或蔓生的习性，对于吊篮和窗槛花箱来说特别有利于视觉上的和谐及盆栽容器边缘的柔化。

如何种植夏季观花植物

夏季观花与观叶植物

除了许多由夏季观花的种子培育成的花坛植物外，还有些植物是以其美丽的枝叶而被种植的，这些枝叶有利于创造更佳的视觉效果并突出花形。这些植物包括银粉银叶菊、具柄麦秆菊及其各种杂色和彩色品种，还有黄叶的金叶过路黄。其他吸引人的观叶植物有盾叶天竺葵和马蹄纹叶型天竺葵，这两种植物的花量也很多。

种植的时机……

半耐寒植物很容易在初春时遭受冻害，因此最好在所有的低温危险过去之后再种植。虽然，这种现象在很大程度上取决于地区，但随着气候的日益增温，与几十年前相比，盆栽的种植时间也更早了。

易受冻害的种植之地：
- 寒冷、阴暗的地方。
- 低洼，如斜坡底部和冷空气聚集地。
- 建筑物的角落，冷空气的输送带。

熊耳草
Ageratum houstonianum
株高：13～30cm
冠幅：15～30cm
半耐寒的一年生植物，花呈蓝紫色。有亮蓝色、淡紫色、粉红色和白色等许多变种。

琉璃繁缕
Anagallis monelli
株高：23cm
冠幅：23cm
半耐寒一年生植物，整齐、紧凑，成片蓝色大花于春季至秋季开放。

蔓金鱼草"维多利亚瀑布"
Asarina purpusii "Victoria Falls"
株高：13～15cm
冠幅：15～20cm
半耐寒的一年生草本植物，花呈樱桃色长形喇叭状，蔓生范围可达38cm。

杂种蔓金鱼草"红龙"
Asarina x hybrida "Red Dragon"
攀缘植物，非常适合可支撑茎部的吊篮。
半耐寒的一年生植物，花长达7.5cm，呈胭脂红，植株色彩斑斓。

四季秋海棠"混色星空"
Begonia semperflorens "Stara Mixed"
株高：20～25cm
冠幅：25～30cm
半耐寒，分枝一年生植物，花呈白色、玫瑰色和猩红色。

苏氏秋海棠 "橙雨"
Begonia sutherlandii "Orange Shower"
蔓生植物
半耐寒，球根秋海棠类，花为特别的橙色，具有层叠性，适合吊篮和墙篮种植。

球根秋海棠 "龙翼"
Begonia x tuberhybrida "Dragon Wing"
蔓生和丛生植物
半耐寒，球根秋海棠类，具有层叠性，猩红色的花簇，适合吊篮和盆栽种植。

阿魏叶鬼针草 "黄金眼"
Bidens ferulifera "Golden Eye"
株高：29～25cm
蔓生和爬地植物
半耐寒的一年生植物，在类似蕨类植物的叶子中开出美丽的亮黄色花朵。

全缘叶蒲包花 "阳光"
Calceolaria integrifolia "Sunshine"
株高：25～38cm
蔓生且具有层叠性的植物
半耐寒多年生灌木，花为黄色，适合吊篮种植。

金盏花
Calendula officinalis
株高：30～38cm
冠幅：25～30cm
耐寒一年生植物，通常种植于花桶中，雏菊状鲜黄色或橙色大花。有些为矮生品种。

意大利风铃草
Campanula isophylla
株高：15cm
蔓生植物
耐寒多年生植物，星星状花簇，花冠2.5cm，呈蓝色或白色。

瀑布天竺葵
Pelargonium "Cascade"
株高：20～30cm
蔓生且具有层叠性的植物
半耐寒一年生植物，簇生，花为深浅不一的猩红色、橙红色、粉红色和淡紫色。

唐古特铁线莲 "雷达之爱"
Clematis tangutica "Radar Love"
株高：45～60cm
攀缘和缠绕植物
耐寒多年生植物，播种三个月后发芽开花，大量黄花点头似的摇曳，适合吊篮种植。

白色和银色的主题

在影影绰绰的光线下，以白色和银色为主题，展示出精致和端庄。

- 当处于阳光充足的地方时，白色和银色的展示会变得更加强烈和引人注目。
- 簇生的小花比大花反射的光线少，因此看起来没有那么强烈和引人注目。
- 在阳光充足的炎热国家，白色的视觉效果可能会过于强烈。因此，添加浅豆沙色和淡蓝色的花朵，以降低展示效果带来的视觉强度。

曼陀罗"芭蕾舞女混合色"
Datura "Ballerina Mixed"
株高：45～60cm
冠幅：45～60cm
半耐寒灌木，由种子培育，花朵向上，呈淡黄色、淡紫色或纯白色。

白花曼陀罗"晚香"
Datura meteloides "Evening Fragrance"
株高：35～45cm
冠幅：35～38cm
半耐寒一年生植物，开喇叭状大花，呈白色和柔和的淡紫色，有香气。

海滨花菱草"金色泪滴"
Eschscholzia maritima prostrata "Golden Tears"
株高：15～23cm
冠幅和蔓生可达60cm
耐寒一年生植物，通常作为半耐寒一年生植物种植，在蓝绿色的叶子中开金黄色的花。

南美天芥菜
Heliotropium arborescens
株高：38～45cm
冠幅：30～38cm
半耐寒多年生植物，作为半耐寒的一年生植物生长，花芬芳，颜色在紫罗兰色，淡紫色，白色之间渐变。

新几内亚凤仙"爪哇火焰混合色"
Impatiens hawkererii New Guinea "Java Flames Mixed"
株高：23～30cm
冠幅：23～30cm
半耐寒一年生植物，花排列紧凑而华丽，适合种植于吊篮和其他盆栽容器中。

苏丹凤仙"唯一"
Impatiens walleriana "Unique"
株高：20～25cm
冠幅：20～30cm
半耐寒一年生植物，花为单色和双色混合，颜色有白色、粉红色和红色。

彩星花
Laurentia axillaris
株高：15cm
冠幅：20～25cm
半耐寒一年生植物，星状花冠形成最初呈圆顶状，随后伸展成蓝色、粉色或白色的花，有香气。

六倍利—垂枝型和密集型
Lobelia erinus
株高：10～23cm
冠幅：10～23cm（某些为垂枝型）
半耐寒多年生植物，作为半耐寒一年生植物种植，花呈蓝色、白色或红色。

香雪球
Lobularia maritima
株高：7.5～15cm
冠幅：20～30cm
耐寒一年生植物，通常作为半耐寒一年生植物种植，花色范围广，有白色、紫红色和深紫色。

香雪球"游星"

Lobularia maritima pendula "Wandering Star"

株高：15cm

蔓生型

半耐寒一年生植物，花香，呈奶油色、紫色、粉红色和玫瑰色。

花烟草"阿瓦隆黄瓜绿紫边"

Nicotiana "Avalon Lime and Purple Bicolor"

株高：20～30cm

冠幅：20～30cm

半耐寒一年生植物，株型紧凑，双色大花，呈石灰绿色和紫色，适合盆栽种植。

三色堇"通用柑橘混合型"

Viola wittrockiana "Universal Citrus Mixed"

株高：15～20cm

冠幅：15～25cm

耐寒多年生植物，三色堇状大花，呈橙色、黄色和白色。

天竺葵"华丽"

Pelargonium "Regalia"

株高：23～30cm

冠幅：30～38cm

半耐寒一年生植物，花有深红色，粉红色和白色等多种颜色。与许多天竺葵属植物不同，它是由种子培育出来的。

小花矮牵牛"幻想"

Petunia milliflora "Fantasy"

株高：20～25cm

冠幅：25～30cm

半耐寒一年生植物，株型紧凑迷你，花为宽大喇叭状，量多，颜色多样。

矮牵牛"七彩阳光"

Petunia "Prism Sunshine"

株高：25～30cm

冠幅：30～38cm

半耐寒一年生植物，开明黄色大花，并会褪成奶油色，叶脉通常为灰绿色。

矮牵牛"波浪系列"

Petunia "Wave Series"

株高：15～20cm

冠幅和蔓生可达75cm

半耐寒一年生植物，花为喇叭状，量多，有单色和混合色。

一串红

Salvia splendens

株高：30～38cm

冠幅：20～25cm

半耐寒多年生植物，通常作为半耐寒一年生植物种植，顶端开猩红色的花，适合种植在花盆、花槽和窗槛花箱中。

蓝色主题

从情感上讲，蓝色创造宁静，为了在花园里营造一种宁静的氛围，可以在吊篮和窗槛花箱中使用这种颜色，因为它很容易抓人眼球。然而，许多蓝色不是浅色和冷色的，而是更接近于靛蓝和紫罗兰的色谱。浅色调更偏向淡紫色，营造出宁静的氛围。

在户外，深蓝色的吊篮比浅色更引人注目，特别是当它挂在白墙上的时候。浅蓝色的吊篮非常适合装饰在前厅和门廊，如果想要打造一个社交和休息的区域，那么不具侵略性的景观是必不可少的。

蛇目菊 "爱尔兰之眼"
Sanvitalia procumbens "Irish Eyes"
株高：10～15cm
蔓生型
半耐寒一年生植物，重瓣和半重瓣的金黄色花朵，花瓣丰富，花心引人注目，非常适合种植在吊篮、窗槛花箱和种植袋中。

蛇目菊 "橙色精灵"
Sanvitalia procumbens "Orange Sprite"
株高：10～15cm
蔓生型
半耐寒一年生植物，半重瓣橙色花朵，花瓣丰富，深色花心，非常适合种植在吊篮和窗槛花箱。

万寿菊
Tagetes erecta
株高：60～75cm
冠幅：30～45cm
半耐寒一年生植物，茎干分枝良好，花呈柠檬黄色，其他颜色有黄色和橙色不等，有些植株为矮生型。

孔雀草
Tagetes patula
株高：30cm
冠幅：25～30cm
半耐寒一年生植物，花呈黄色或桃红色，品种有单瓣和重瓣，有些植株为矮生型。

黄色主题

黄色是所有颜色中最明亮、最引人注目的颜色，而且非常显眼。它充满了活力和生命力。然而，黄色是一种复杂的颜色，不仅有淡淡的奶油色、庄重的樱草色和清新的柠檬黄色，还有复古的金色、橙色和青铜色。庭院中明亮的地方不完全都是黄色的。

以黄色为主题的吊篮和窗槛花箱非常适合在暗淡区域起到增色的作用，因为那里的光线可能有限。在这些灰暗的区域应种植最显眼的黄色大花，而在明亮的区域应种植更为精致的黄色小花。

翼叶山牵牛
Thunbergia alata
株高：1.2～1.8m，于花盆种植
攀缘型和缠绕型
半耐寒一年生植物，5cm宽的华丽橙黄色花朵，深色花心。

旱金莲（矮生型）
Tropaeolum majus (dwarf)
株高：38～45cm
攀缘型和缠绕型
半耐寒一年生植物，圆叶，花为橙色或黄色，种植于花盆或窗槛花箱中，需提供支架。

美女樱 "薰衣草之雾"
Verbena erinoides
株高：25～30cm
冠幅：25～38cm
半耐寒一年生植物，花束小，呈粉紫色和雾白色。

美女樱 "混色砂金"
Verbena x hybrida
株高：20～25cm
冠幅：20～30cm
半耐寒一年生植物，株型紧凑，花呈白色、红色和胭脂红。

杂种三色堇"贵族"
Viola x hybrida "Magnifico"
株高：15～20cm
冠幅：15～20cm
半耐寒一年生植物，株型紧凑，花色纯白，花瓣边缘呈紫罗兰色。

杂种三色堇
Viola x hybrida "Penny Orchid Frost"
株高：10～15cm
冠幅：15～20cm
半耐寒一年生植物，株型紧凑，兰花状花心，花瓣边缘呈霜色。

三色堇"火焰红"
Viola x wittrockiana "Flambé Red"
株高：15～23cm
冠幅：20～25cm
多年生耐寒植物，由种子培育而成，花色柔和，有玫瑰色、火焰红色和红宝石色。

蓝花参
Wahlenbergia annularis
株高：30～45cm
冠幅：38～50cm
半耐寒一年生植物，钟形白色花簇，渐变成淡蓝色或淡紫色。

红色和粉红色主题

　　红色是一种充满活力和吸引力的颜色，而粉红色是一种不饱和的红色，具有温暖而浪漫的色彩，很多人认为粉红色是一种迷人的颜色。强烈的红色在它们周围和附近的植物中占主导地位，而粉红色虽然有可能被更强烈的颜色所主导，然而往往更令人难忘。

　　运用强烈的红色时需谨慎且注意数量，然而，粉红色在大量运用的情况下，仍然可保持吸引力。为了创造发散的主题，可以在粉红色主题的花篮中加入一些白花。

百日草
Zinnia elegans
株高：15～75cm
冠幅：15～38cm
半耐寒一年生植物，品种和颜色都很丰富，有白色、紫色、黄色、橙色、红色和粉红色，适合种植于窗槛花箱中。

其他可考虑的夏季观花的花坛植物……

　　每年都有更多的种子被培育出来，夏季观花的植物被加入到盆栽容器中生长的植物中，以下是一些例子。

- "龙胆蓝"琉璃繁缕（Anagallis linifolia "Gentian Blue"）：株高15～23cm，开蓝色花朵。
- "中国灯笼"金鱼草（Antirrhinum pendula multiflora "Chinese Lanterns"）：华丽的层叠式金鱼草属植物，混合七种颜色，有纯色和双色，非常适合种植于吊篮和窗槛花箱中。
- "光辉"五色菊（Brachycombe iberidifolia "Splendour"）：株高23～30cm，呈蓝紫色或白色花簇。
- "贝利西莫"广口风铃草（Campanula carpatica "Bellissimo"）：株高15cm，开蓝色或白色杯状花簇。
- 吉普赛满天星（Gypsophila muralis "Gypsy"）：株型整齐紧凑，呈半重瓣和重瓣粉色花簇，非常适合种植于吊篮或其他盆栽容器中。

- "双转盘混合色"苏丹凤仙（Impatiens walleriana "Double Carousel Mixed"）：植株分枝良好，开华丽重瓣花朵，色彩鲜艳。
- 斑点粉蝶花（Nemophylla maculata）：蔓生型，株高7.5～15cm，花呈浅蓝色，花瓣顶端有深蓝色斑点。
- 黑色喜林草（Nemophylla menziesii "Pennie Black"）：株高5～10cm，伸展型枝干，花呈紫黑色，花冠18mm。
- "勃朗峰"赛亚麻（Nierembergia "Mont Blanc"）：株高10～15cm，开杯状白色的花朵。
- "桃花"矮雪伦（Silene pendula "Peach Blossom"）：成熟植株高10～15cm，层叠式重瓣花簇，花蕾呈深粉红色，盛开时呈橙红色。
- "四季杂种"三色堇（Viola x williamsiana "Four Seasons Hybrids"）：蔓生型，小花呈淡紫色、金黄色、紫色和紫罗兰色四种颜色。

春季观花的花坛植物

春季观花的花坛植物无一例外都是耐寒两年生植物，它们在前一个春末夏初播下种子，在夏末秋初移植到盆栽容器中。它们价格便宜，种植后几乎不需要养护。在春天，春季观花的球根花卉为其他盆栽容器增色不少，本书在第 36–37 页对其进行了讨论。许多球根植物是春季观花的花坛植物的理想伴侣。

耐寒两年生和多年生植物

耐寒两年生植物是春季观花的花坛植物的理想之选。"两年生植物"是指一种植物在一年内播种和培育，并在下一个季节开花。这是一个关于植物如何生长的适宜解释，但并非所有两年生植物都是真正的两年生植物。例如，广受欢迎的雏菊是一种耐寒的多年生植物，通常作为二年生植物种植。勿忘草（勿忘我）是两年生或短期生多年生植物，蜀葵是一种耐寒的多年生植物，通常作为二年生植物种植，花期从仲夏到初秋。

雏菊
Bellis perennis
株高：5～10cm
冠幅：7.5～10cm
花期为初春至秋季，花色丰富，有白色、胭脂红、粉红色、橙红色或浓郁的樱桃色。

西伯利亚菊
Erysimum x allionii
株高：30～38cm
冠幅：25～30cm
从春季中期到初夏，末端簇生着芬芳的橙色花朵，种植于花盆中。

高山淫羊藿
Erysimum alpinum
株高：15cm
冠幅：10～15cm
春末，花簇有香气，花朵呈黄色，也有淡紫色和淡黄色的品种。

桂竹香
Erysimum cheiri
株高：20～30cm
冠幅：15～20cm
春季中至初夏开花，有香气。花色丰富，有橙色、血红色、黄色和玫瑰粉色。

勿忘草
Myosotis sylvatica
株高：20～30cm
冠幅：15cm
春末和初夏开雾蓝色的疏松花簇，品种有几种深浅不同的蓝色。

多花报春
Primula x polyantha
株高：15～25cm
冠幅：15～25cm
华丽的春季植物，花色丰富，有黄色、奶油色、白色、粉红色、蓝色和深红色。

常绿蔓生植物的增色……

　　为春季增色的小型蔓生植物必须经受严冬的考验，很少有植物比杂色的小叶常春藤更适合这种环境，它们非常适合种植在盆栽容器的侧面。这些植物种类繁多，包括许多杂种常春藤和普通常春藤。园艺中心和苗圃提供各种各样的杂色常春藤，其中有以下几种可以尝试：

- "高雅"常春藤：浅绿色裂叶，边缘有不均匀的银色。
- "冰川"常春藤：银灰色，有狭窄的白色边缘。
- "金童"常春藤：叶片边缘呈黄色。
- "金心"常春藤（又称美丽常春藤）：叶片中心有明显金色散点。
- "匹兹堡"常春藤：全绿色的五裂叶，为盆景创造了一个低调但却很有吸引力的褶边。
- "慈菇"常春藤：深裂的绿色斑叶，边缘黄色。

常绿灌木的增色……

　　在窗槛花箱和花槽中，可以添加一些小的杂色常绿灌木，为其春日光景创造更多的颜色。当天气变得异常寒冷或狂风肆虐，对耐寒的两年生植物和球茎植物的花朵可能造成损害时，这些灌木尤其有用。可考虑的灌木包括：

- 金边扶芳藤：绿色的叶片上有明亮的金色斑纹。它们在冬季呈现出带有粉色调的古铜色，最终长成中等大小的灌木。
- 杂色安德森长阶花：浅绿色的叶片，边缘明显且带奶油色。
- 花叶青木（洒金桃叶珊瑚）：绿叶有光泽并伴有黄色斑点，最终长成大型灌木。

针叶树的增色……

　　将针叶树种植在窗槛花箱和花槽中，并在花槽中掺杂种植春季观花的花坛植物（或许可以加上球根花卉），可以使景色保持较长时间的吸引力。

- 第 32 ～ 33 页介绍了几种生长缓慢和矮生的针叶树，其颜色和形状既有对比又充满和谐。在盆栽容器的两端种植矮生灌丛型针叶树可遮盖边缘。相反，将较高和直立的针叶树种植在中心可形成一个焦点。

- 当生长缓慢的针叶树对盆栽容器来说太大的时候，可将它们种在院子的花盆里，或者花园里。

两年生植物的种植

　　两年生植物是在春末夏初时从户外播种的种子中培育出来的，价格低廉。培育步骤如下：

- 如果在秋末冬初没有挖掘一块地作为培育耐寒两年生植物的场地，则应在春初挖掘一块地，清除所有杂草。
- 春季中期，用园艺叉分解大块土块，用耙子平整表面。有条不紊地在苗床上进行侧推，均匀地合并土壤。然后，耙平表面。
- 将 30cm 长的木棍插入苗床的相对两侧，间距 23cm。
- 在两根木棍之间拉一条花园线，用锄头挖出 12mm 深的沟。或者使用狭窄的木桩作为导向。
- 将一些种子放在手中，然后沿着垄慢慢撒下。确保它们没有聚集并且间隔均匀，如果它们聚集在一起，

就意味着以后需要额外间苗。

- 使用金属耙子的背面，在不搅乱种子的情况下，小心地将疏松的土壤推拉到种子表面。
- 用耙头轻压土壤。
- 轻轻但彻底地浇灌土壤，注意不要搅动土壤表面。
- 在犁沟上按上铁丝网或细枝，防止鸟类干扰种子。
- 当幼苗长到可以处理时，可以将其间苗或移植到苗圃中。对于雏菊等小型植物，将幼苗疏剪至相距约 10cm；对于壁花等较大型的两年生植物，疏剪至 15cm。
- 秋初，将植物移植到盆栽容器中，特别是如果盆栽容器中也要种植球根花卉，它们大约可在同一时间种植。

耐寒的多年生花境植物

如何种植这些植物

花境植物是多年生植物，从一个季节持续到另一个季节，直到它们变得对盆栽容器来说太大，需要被移除、分开并移植到另一个盆栽容器或花坛中。一些耐寒边界生长的多年生植物，具有草本植物的天性（在秋天或初冬落叶，春天或初夏长出新叶）。其他花境植物在全年或大部分时间内都长着叶子。

多年生的花境植物的养护

这些植物通常不需要太多养护，只需在整个季节清除受损的叶子和枯萎的花朵，以及拔掉或剪掉那些每年枯萎的茎叶。然而，其中的一些植物（特别是玉簪）可能会被蛞蝓和蜗牛严重破坏，特别是在阴凉处和潮湿的庭院中。杀虫药和毒饵有助于防止损害，以及将盆栽容器（如果尺寸合适）倒置放在花盆或铁丝网架上。

盆栽容器中的多年生花境植物

在盆栽容器中种植多年生的花境植物的主要困难是在整个夏季保持土壤湿润，以及在冬季保持相对干燥。富含泥炭的土壤有助于保持水分，但如果它变得干燥，则更难恢复湿润。在炎热的夏季，定期给土壤浇水是主要任务。

在冬季，水分饱和的土壤很可能会结冰，损害根系，有着柔软的块茎状根系植物最容易受到威胁。可用稻草覆盖土壤表面，有助于保持土壤干燥，从而防止土壤冻结。

花叶羊角芹
Aegopodium podagraria "Variegatum"
株高：15～25cm
冠幅：形成丛生
浅绿色到中绿色的叶片，边缘为白色，即使生长在阴凉处也是如此。

百子莲"小人国"
Agapanthus "Lilliput"
株高：45cm
冠幅：25～30cm
狭窄的绿叶和直立的茎，在仲夏和夏末开蓝色的伞状花朵。

金边龙舌兰
Agave americana "Variegata"
株高：70～90cm
冠幅：60～75cm
柔嫩的肉质植物，叶厚，呈剑状，灰绿色，边缘黄色。生长要求冬天具备无霜期的条件。

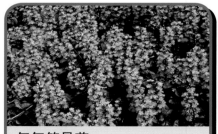

匍匐筋骨草
Ajuga reptans
株高：10～30cm
冠幅：30～45cm
蔓生草本的多年生的植物，初夏和仲夏开轮生的蓝色花，有一些为彩叶的品种。

柔毛羽衣草
Alchemilla mollis
株高：30～45cm
冠幅：38～50cm
多年生草本植物，浅绿色叶片，初夏到夏末时开大量的硫黄色花。

选择合适的植物

一些多年生花境植物不适合在盆栽容器中生存，特别是在高大且需要支撑的情况下。以下几个指标将帮助您选择正确的植物：

- 选择相对低矮的植物，特别是如果您的庭院经常暴露在强烈的阵风中。

- 选择既有有趣的花又有迷人枝叶的植物，特别是在花期很短的情况下。玉簪属植物有双重作用，有很多可以选择（详见第24页）。

- 如果叶子在整个冬季都保持不变，则应选择轮廓圆润、对风的阻力小的植物。这样的植物也不太可能被大雪损坏，当然，始终明智的做法是在第一时间轻轻清除积雪。

- 选择使冬季增色的植物，以及那些在夏季绽放魅力的植物。冬季的花非常珍贵的，植物叶子上的霜冻可以为冬季提供更多的吸引力。

花盆伴侣

凡尔赛宫花盆里的百子莲（见右下角的植物）。
低矮的阿里巴巴式花盆中的棉毛水苏种（详见第27页的植物）。

白舌春黄菊
Anthemis punctata subsp. cupaniana
株高：15～25cm
冠幅：30～38cm
短期的多年生草本植物，雏菊状鲜艳白花，花心黄色，花期为初夏到夏末。

耧斗菜"麦肯纳"
Aquilegia McKana Hybrids
株高：60～75cm
冠幅：30～38cm
多年生草本植物，花期为春末夏初，花色有奶油色、黄色、粉红色、红色、深红色或蓝色。

阿兰茨落新妇
Astilbe x arendsii
株高：45～60 cm
冠幅：38～50cm
耐寒的多年生草本植物，花期为初夏到夏末，羽毛状花羽，颜色丰富。

厚叶岩白菜
Bergenia cordifolia
株高：23～30cm
冠幅：30～38cm
耐寒的花境植物，常绿圆形叶片，钟形花簇，花期为春初至春季中期。

火星花
Crocosmia x crocosmiiflora
株高：45～60cm
冠幅：丛生型
一种适合种植在大花盆中的稍嫩的，漏斗状的花朵，颜色从黄色到深红色不等，花期为仲夏至夏末。

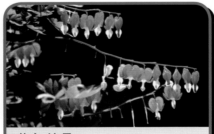

荷包牡丹
Dicentra spectabilis
株高：45～75cm
冠幅：45～50cm
耐寒的多年生草本植物，独特的玫瑰红和白色心形状花朵，花期为夏初。

其他百子莲

百子莲非常吸引人的注意，适合种植在花盆或其他大型盆栽容器中。它们种类非常广泛，其中包括：

- 东方百子莲：半耐寒的多年生植物，华丽的伞状花朵，花色呈鲜艳至淡蓝色渐变，还有白花品种。

- "海德堡杂种"百子莲：比原种更耐寒，有独特的头状花序，颜色从紫蓝色到淡蓝色。

- "爱希丝"钟花百子莲：这是一种华丽的植物，具有自然开花的习性，开丰富的深蓝色的头状花朵。

车前状多榔菊
Doronicum plantagineum
株高：45～75cm
冠幅：38cm
耐寒的多年生草本植物，酷似雏菊，开亮黄色大花，花期为春末至夏初。

阿尔及利亚淫羊藿
Epimedium perralderianum
株高：20～30cm
冠幅：30～45cm
耐寒的常绿多年生植物，初生叶片为鲜绿色，秋天变成铜色的，开黄花。

盆栽容器中的玉簪属植物

近年来，玉簪的种类急剧增加，有许多极好的品种，包括：

- 大叶玉簪：叶片亮绿色，花呈暗白色。
- 蓝月玉簪：叶小，呈深蓝色，花呈淡灰紫色。
- 金色祝福玉簪：金黄色的叶片，花呈淡紫色。
- 变色玉簪：叶片呈绿色，有宽阔的奶油色边缘。当植物在阳光充足的地方种植时，绿色变成黄色。
- 宽边玉簪：椭圆形，叶呈蓝绿色，边缘为不规则的乳白色至金黄色，花为淡紫色。

恩氏老鹳草
Geranium endressii
株高：30～45cm
冠幅：38～45cm
耐寒的多年生草本植物，花呈淡粉色，花期为夏初至秋季，有许多华丽的品种。

金线箱根草
Hakonechloa macra "Aureola"
株高：25～30cm
冠幅：75～90cm
耐寒的多年生禾本科植物，层层叠叠，叶子窄而亮黄，有绿色条纹，还有其他华丽的品种。

暗叶铁筷子
Helleborus niger
株高：30～45cm
冠幅：30～45cm
耐寒的多年生植物，叶片常绿。从隆冬至春初，开白色浅碟状花朵。

可以考虑的多榔菊属植物……

初夏的华丽品种有一些非常适合种植在盆栽容器中，其浓烈的黄花会很快吸引人们的注意，但要确保它们不会艳压那些花色清淡的植物。选择低矮的类型，可以尝试的品种包括：

- "哈普尔车前状多榔菊"：独特的金黄色的花朵宽达7.5cm。
- "梅森小姐多榔菊"：株高约45cm，亮黄色的花宽可达6cm。
- "春丽多榔菊"：株高约38cm，开重瓣深黄色花。

东方铁筷子
Helleborus orientalis
株高：45～60cm
冠幅：45cm
耐寒的多年生植物，叶片常绿。花期为冬末春初，开带有深红色斑点的奶油色花朵。

麝香萱草
Hemerocallis thunbergii
株高：75～90cm
冠幅：60cm
耐寒的多年生草本植物，花期为初夏和仲夏，开喇叭状的硫磺色大花。

血红巩根
Heuchera sanguinea
株高：30～38cm
冠幅：30～38cm
耐寒的常绿多年生草本植物，开鲜红色的小花。上图展示的是开着黄色花的"阿尔巴"。

高丛玉簪"斑心"
Hosta fortunei var. albopicta
株高：38～45cm
冠幅：45cm
耐寒的多年生草本植物，叶片呈淡绿色，带水黄色斑纹。还有许多其他华丽的品种。

花叶蕺菜
Houttuynia cordata "Chameleon"
株高：15～25cm
冠幅：伸展和分枝型
耐寒的多年生草本植物，叶片带黄色、绿色、青铜色和红色的斑纹，白色小花。

紫花野芝麻
Lamium maculatum
株高：15～23cm
冠幅：伸展型
耐寒的多年生草本植物，叶片为中绿色，中央有银色条纹，春末开粉紫色的花。

蛇鞭菊
Liatris spicata
株高：60cm
冠幅：30～45cm
耐寒的块状根多年生草本植物，在夏末到秋天有粉紫色的花。

阔叶补血草
Limonium latifolium
株高：45～60cm
冠幅：45cm
耐寒的多年生植物，坚韧的深绿色叶片，花期仲夏到夏末，花序呈淡蓝紫色。

其他可以考虑的萱草属植物

许多五颜六色的萱草杂种都很值得栽在盆中。这些品种包括：

- "黑魔法"萱草：花呈宝石紫色，管颈呈独特的黄色
- "嗡嗡炸弹"萱草：花呈浓郁的天鹅绒红色。
- "车轮"萱草：亮黄色大花，几乎扁平的花朵。
- "小酒杯"萱草：株型矮小，花呈酒红色，管颈呈金色。
- "粉色大马士革"萱草：株型华丽，花暖粉色，管颈呈黄色。
- "斯特拉"萱草：株型矮小，花呈淡黄色，钟形，管颈呈橙色。

老鹳草 VS 天竺葵

老鹳草和天竺葵经常相互混淆，特别是因为天竺葵被普遍称为老鹳草。

- 老鹳草是多年生的草本植物，主要种植在花园里，也可以种植在庭院和露台的盆栽和其他大型盆栽容器中。它们很耐寒，可以全年放在室外。
- 天竺葵是一种喜温暖的灌木，主要产自非洲南部，在温带气候条件下被当作柔嫩植物种植在花盆、木盆和其他盆栽容器中。它们在夏季能在室外创造出壮观的景色，但很快就会因低温而死亡。

可考虑的其他植物——野芝麻属

这些都是持久的多年生植物，是在盆中创造色彩的理想选择。人们常常误认为它们不适合在盆栽容器中种植，但它们不管是在阳光下还是阴凉处都能茁壮成长。以下几个品种可尝试：

- "白心"野芝麻：中绿色叶片，中央有银色条纹，花呈白色。
- "金叶"野芝麻：生长缓慢，叶片呈金黄色，十分迷人，最好在阳光充足的地方种植，以促进鲜艳叶片的生长。
- "玫瑰红"野芝麻：中绿色叶片，中央有银色条纹；花呈贝壳粉色。

铜钱珍珠菜
Lysimachia nummularia
株高：5～7.5cm
冠幅：蔓生至约45cm
耐寒的常绿植物，茎部呈匍匐状，叶子呈中绿色，在初夏和仲夏开黄色的花。

金叶过路黄
Lysimachia nummularia "Aurea"
株高：5～7.5cm
冠幅：蔓生至约45cm
耐寒的常绿植物，茎呈匍匐状，美丽的黄叶，初夏和仲夏开黄色的花。

金叶香蜂草
Melissa officinalis "Aurea"
株高：75cm
冠幅：30～45cm
耐寒的多年生草本植物（它是著名的滇荆芥的一个品种），有金绿色叶片。

盆栽容器中的禾本科植物

许多禾本科植物都非常适合种植在盆栽容器中，并放置在露台、台阶和房屋周围。一些禾本科植物有层层叠叠的习性，可以形成一个迷人的轮廓，并为盆栽容器的上边缘穿上衣服。定期浇水是必不可少的，以确保相对少量的堆肥不会变得干燥。

除了上等的金线箱根草（Hakonchloa macra "Aureola"）以外，还可以考虑其他品种，这些品种有"花叶"，其叶片有白色和金色的条纹，到了秋天，它们会呈现出丰富的粉红色和红色。

有几种禾本植物可以用来在盆栽容器中创造有吸引力的景象，这些植物包括：

- 金叶菖蒲（Acorus gramineus "Ogon"）：最初为直立向上生长的习性，然后是拱形的，显得更加随意。有狭窄的、渐变的绿色叶片，沿其长度有金色的斑纹带。其他杂色品种包括"花叶""斑纹"，叶片有奶油色和黄色的条纹，以及"Yodo-no-yuki"，叶片为淡绿色杂色。
- 金叶苔草（Carex oshimensis "Evergold"）：具有迷人的拱形特性，叶片有绿色和黄色的斑纹。
- 蓝羊茅（Festuca glauca）：具有簇生的习性，有一些品种的叶子是彩色的，包括蓝色、蓝绿色和银蓝色，非常受欢迎。

美国薄荷
Monarda didyma
株高：60～90cm
冠幅：38～45cm
耐寒的多年生草本植物，夏天开浓密的猩红色头状花序，品种丰富。

平卧南非万寿菊
Osteospermum ecklonis var. prostratum
株高：15～23cm
冠幅：30～38cm
多年生灌木，簇生雏菊状白花，深黄色花心，花期为仲夏和夏末。

斑叶顶花板凳果
Pachysandra terminalis "Variegata"
株高：20～25cm
冠幅：30～38cm
耐寒的亚灌木状植物，绿叶镶有白边，非常适合在大桶中压制堆肥。

麻兰
Phormium tenax
株高：1.5～2.4m
冠幅：1.2～1.5m
多年生植物，除了最冷的地方外，在其他地方都很耐寒，有中绿到深绿色的叶子，还有一些为彩叶品种。

密穗蓼"迪米蒂"
Polygonum affine "Dimity"
株高：15～20cm
冠幅：30cm
耐寒的多年生草本植物，有匙形绿叶，夏季和秋季开深粉色的花朵。

药田肺草
Pulmonaria officinalis
株高：30cm
冠幅：30cm
耐寒的多年生草本植物，绿叶带白色斑点，春末夏初开紫蓝色的花。

试试其他的水苏属植物……

棉毛水苏并非在所有地区都很耐寒，但在寒冷和过度潮湿的天气条件下，全年都能营造吸引力。以下几种迷人的品种可以考虑种植：

- 棉桃（又称"希拉麦奎因"）：毡状的灰绿色大叶和银花。
- 苍鹭报春花：株型华丽，全年可观赏，在夏季，叶片犹如光彩夺目的金色地毯。
- 银毯：株型华丽，银叶如丝绸，无花。

景天"金秋愉悦"
Sedum "Autumn Joy"
株高：45～60cm
冠幅：45～50cm
耐寒的多年生草本植物，肉质叶片，花呈橙红色，秋季变成橙褐色。

屋顶长生草
Sempervivum tectorum
株高：5～7.5cm
冠幅：15～30cm
耐寒的莲座状的常绿肉质植物，叶端为栗色，叶片为中绿色，花呈玫瑰紫色，花期为仲夏。

棉毛水苏
Stachys byzantina
株高：30～45cm
冠幅：30～38cm
半耐寒的多年生常绿植物，银色羊毛状的叶片。

心叶黄水枝
Tiarella cordifolia
株高：23～30cm
冠幅：23～30cm
耐寒的多年生常绿植物，矮生，枫叶状的中绿色叶片，顶尖为乳白色花朵。

千母草
Tolmiea menziesii
株高：15～20cm
冠幅：30～38cm
耐寒的常绿植物，枫叶状的绿色叶片，夏初在茎上开出的花朵高达60cm。

其他可考虑的植物——麻兰属

许多麻兰属（*phormium*）植物都有五颜六色的叶子，在庭院或露台上的大盆栽容器中创造出壮观的景色。在冬季气温急剧下降的地区，要保护其免受严重的霜冻。顺便提一下，全绿型比杂色型更耐寒。以下有两个品种的麻兰可以考虑：

- "紫叶"麻兰：华丽的古铜色叶片。
- "斑叶"麻兰：绿色的叶片带黄色的条纹。

此外，还有一些非常好的山麻兰又称新西兰剑麻。

观花灌木

**如何种植
观花灌木**

灌木是多年生的木本植物，尽管有些灌木寿命很短，但大多数灌木会在花盆中茁壮成长，直到它们长到不再适合在盆栽容器中种植，必须在花园中种植。为灌木选择花桶或大型陶制花盆时，那些具有不拘一节的特点的灌木可使用质朴的花盆；大型花盆在外观上更有说服力，非常适合整齐和明确轮廓的灌木。同时良好的排水系统是必不可少的，而且应该始终使用以土壤为基础的堆肥。

观花灌木的种植

不同于那些拥有迷人叶片的常绿观叶灌木，观花类型的灌木在一年中都非常低调。因此，最好不要把它们作为全年的焦点。相反，将它们与其他灌木一同种植，但不要影响它们的轮廓。大多数观花灌木喜欢阳光充足的地方，但山茶花需要避开阳光直射和清晨的阳光。在整个夏季，尤其是在灌木开花时，浇水是必不可少的。然而，要确保土壤不会因冬季降雨而产生积水。

花桶和陶制花盆里的月季

在花桶和陶制花盆中种植月季是一种令人兴奋的方式，可以在庭院和露台上种植，也可以在小花园中种植。微型月季或矮生丰花月季都是落叶灌木。

微型月季最好种植在大型花盆中，土壤深度至少为23cm。矮生丰花月季稍大，最好种在更大的花盆中，土壤深度可以达到30cm。购买专门为盆栽灌木配制的土壤。

适合的微型月季包括：

- "奥卡利娜"（Angela Rippon）：重瓣的玫瑰红色簇生小花，有淡香。
- "丽焰"（Darling Flame）：重瓣，橙红色小花，淡香。
- "升辉"（Rise n Shine）：金黄色的重瓣簇生小花。
- "斯塔里纳"（Starina）：株型密集，橙红色簇生小花。

适合的矮生丰花月季包括：

- "安娜·福特"（Anna Ford）：鲜艳的橙红色花簇，基部为黄色。
- "守恒"（Conservation）：植株茂盛，花呈杏粉色，有淡香。
- "雅"（Gentle Touch）：重瓣的淡粉色簇生小花。
- "迷藏"（Peek-a-boo）：杏黄色到粉红色的重瓣簇生小花。
- "甜魔"（Sweet Magic）：重瓣橙色簇生小花，带有金色，香味适中。

杜鹃—常绿型
Rhododendron japonicum
株高：45～60cm
冠幅：60～75cm
株型密集，小叶，春季开大量漏斗状的花朵，颜色有深红色、粉红色和白色，使用微酸性的壤质基肥。

威廉姆斯杂种山茶
Camellia x williamsii
株高：1.5～1.8m
冠幅：1.2～1.5m
常绿植物，颜色从白色和淡粉色到玫瑰紫色，主要在冬末和春季开花。

墨西哥橘
Choisya ternata
株高：1.5～1.8m
冠幅：1.5～2.1m
稍嫩的常绿灌木，橙花状花朵，有香味，花期为仲夏至夏末。

价廉物美的迷迭香

在一个大盆里种植三株迷迭香可能是昂贵的，因此要节约，可采取扦插的方式。成功的步骤如下：

- 夏季中期，取7.5～10cm长的插条，并将其插入含有等量湿润泥炭和粗沙的花盆中。
- 将它们放置在室外不供暖的种植玻璃房或不加温的温室里。
- 生根后，将其转移到7.5cm宽的花盆中，在不供暖的种植玻璃房越冬。
- 春天时栽入花盆中。如果想让盆子里的植物迅速长满，可以在里面插上5～7个插条。

硬毛多榔菊
Doronicum hirsutum
株高：30～38cm（在盆栽容器中）
冠幅：38～45cm（在盆栽容器中）
耐寒的半草本植物，木质基灌木，顶部具有白色、粉红色的头状花序，花期为夏末至秋季。

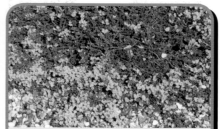

细毛金雀花"金色温哥华"
Genista pilosa "Vancouver Gold"
株高：15～30cm
冠幅：90cm～1.2m
常绿灌木，株型紧凑，在春末夏初开大量的深金黄色的花朵。

长阶花"玛格丽特"
Hebe "Margret"
株高：30～38cm
冠幅：45～60cm
矮生常绿灌木，株型紧凑，在春末夏初开出天蓝色的花朵，通常也在夏末开花。

八仙花
Hydrangea macrophylla
株高：60cm～1.2m（在花盆中）
冠幅：1.2～1.5m（在花盆中）
耐寒的落叶灌木：种植绣球花类型，13～20cm宽的头状花序，花期为仲夏至秋初。

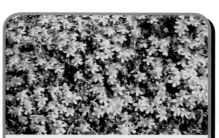

奥林匹克金丝桃
Hypericum olympicum
株高：20～30cm
冠幅：30～38cm
耐寒的矮生落叶灌木，在仲夏开金黄色花朵，约36mm宽。

星花木兰
Magnolia stellata
株高：1.5～1.8m（在花盆中）
冠幅：1.5～1.8m（在花盆中）
耐寒的落叶灌木，生长缓慢，白色星状的大花，有香味，花期为初春至春季中期。

迷迭香
Rosmarinus officinalis
株高：60～75cm（在花盆中）
冠幅：60～75cm（在花盆中）
耐寒的常绿灌木，叶子芳香，花呈淡紫色，花期为春季，之后也会间歇性开花。

其他可考虑的观花灌木……

- 欧石楠（Erica carnea）：一种低矮但浓密的常绿灌木，花色丰富，花期为秋末至春末。
- 短筒倒挂金钟（Fuchsia magellanica）：一种略显柔弱的灌木，深红色和紫色的下垂花朵，花期为仲夏至秋季。
- 莫氏金丝桃（Hypericum x moserianum）：一种常绿灌木，自然蔓生，仲夏至秋季开黄色的花。还有"三色"品种，叶片带有迷人的斑纹。
- 海德柯特熏衣草（Lavandula angustifolia "Hidcote"）：一种耐寒的常绿灌木，叶子狭长，呈银灰色，仲夏至夏末开深紫蓝色的花。
- "博爱"十大功劳（Mahonia "Charity"）：一种高大的常绿灌木，秋末到冬末在拱形的尖顶上开着芳香的深黄色花朵，将其置于避风处，且阳光充足或有斑驳的光线下。
- 观赏樱花（Prunus incisa "Kojo Nomal"）：一种具有观赏性的樱桃，红色的花心，粉色的花朵，花期为春季。
- 屋久杜鹃（Rhododendron yakushimanum）：一种常绿的小型灌木，深绿色叶片，在春末夏初时开出大量粉红色的花朵，随后褪色为白色。

观叶灌木

在盆栽容器中种植灌木时，花桶和大型花盆是必不可少的。在这些灌木中，有些是常绿的，一年四季都有吸引力，而有些是落叶的。一些灌木，每年都会落叶，并产生一系列新叶，它们的叶子在秋天的时候会呈现出丰富的颜色。落叶灌木往往比常绿类型的灌木更耐寒，因此可种植在较冷的地方。

地中海风格花园的观叶灌木

书中描述的一些观叶灌木会让人想起在温暖气候下度假的回忆，比如在地中海国家。丝兰和朱蕉给人一种温暖的印象，而棕榈（Trachycarpus fortunei）是一种更具优势和独特的植物。

八角金盘（Fatsia japonica）是温暖地区的另一种展示，在秋天有迷人的叶子和独特的白花。不要把这种植物与蓖麻（Ricinus communis）混淆。

多彩的鼠尾草

一些流行的烹饪型的药用鼠尾草非常适合种植在盆栽容器中，它是一种寿命短、略显柔弱的灌木状植物，几年后变得杂乱无章时需要更换。有三种极好的彩叶品种，它们大约长到45～60cm高，伸展范围为38～45cm（有时甚至更多）。

- 斑鼠尾草：华丽的绿色和金色叶片，创造了主要的视觉展示。
- 紫芽鼠尾草：茎和叶在幼苗期呈紫色。
- 三色鼠尾草：绿色的叶片点缀着乳白色，泛着粉红色和紫色。

紫羽毛槭
Acer palmatum "Dissectum
Atropurpureum"
株高：0.9～1.2m（在花桶中）
冠幅：1.2～1.5m（在花桶中）
耐寒的落叶灌木，铜红色全裂叶片，其近缘植物的叶子都是绿色的。

花叶青木
Aucuba japonica "Variegata"
株高：1～1.3m（在花桶中）
冠幅：0.9～1.2m（在花桶中）
耐寒的常绿灌木，植株茂盛，圆顶状轮廓，深绿色的叶片上带有黄色斑点。

墨西哥橘"太阳舞"
Choisya ternata "Sundance"
株高：0.75～1m（在花桶中）
冠幅：75～90cm（在花桶中）
略嫩的常绿灌木，全年都有金黄色的叶子。

斑纹胡颓子
Elaeagnus pungens "Maculata"
株高：1.5～1.8m（在花桶中）
冠幅：1.5～1.8m（在花桶中）
耐寒的常绿灌木，革质有光泽的绿色叶片点缀着金色，非常适合冬季的颜色。

金边扶芳藤
Euonymus fortunei "Emerald" n "Gold"
株高：30～45cm
冠幅：45～60cm
耐寒的常绿灌木，金叶密布，在冬季变成铜粉色，品种丰富。

八角金盘
Fatsia japonica
株高：1.5～2.1m
冠幅：1.5～1.8m
稍嫩的常绿灌木，大而有光泽的手状绿叶，花呈白色，花期为秋季。

花叶安氏长阶花
Hebe x andersonii "Variegata"
株高：75～90cm
冠幅：60～90cm
稍嫩的常绿灌木，叶片为奶油色和绿色，花呈淡紫色，花期为仲夏至秋季。

杂种长阶花
Hebe x franciscana
株高：30～45cm
冠幅：30～45cm
稍嫩的常绿灌木，圆顶形状的轮廓，绿色叶片边缘为奶油色，有光泽，花呈淡紫色。

亮叶忍冬"匹格森黄金"
Lonicera nitida "Baggeson's Gold"
株高：0.9～1.5m
冠幅：75～90cm（在花桶中）
耐寒的常绿灌木，金黄色小叶，可修剪。

棕榈
Trachycarpus fortunei
株高：1.8～2.1m（在花桶中）
冠幅：1.5～1.8m）（在花桶中）
稍嫩，常绿，生长缓慢的一种棕榈树，生长在长柄上的大扇形叶片，有光泽，呈中绿色。

斑叶丝兰
Yucca filamentosa "Variegata"
株高：60～75cm
冠幅：0.9～1.2m
稍嫩的常绿灌木，深绿色的叶片组成的莲座，边缘是漂亮的白黄色。

其他可选择的观叶灌木

- 金叶小檗（Berberis thunbergii "Aurea"）：华丽的耐寒落叶灌木，有大量明亮、柔软的黄叶。还有其他几个彩叶品种，包括紫叶小檗（丰富的紫红色）和矮紫小檗（矮生型，具有丰富的紫红色叶片）。
- 帚石南（Calluna vulgaris）：具有低生长习性的灌木。有许多迷人的观叶品种，包括"比利金"（金黄色）、"烈焰"（叶子从金色变为橙色到红色）、"金雾"（亮金色）和"金色地毯"（冬天金色的叶子点缀着橙色和红色）。
- 紫叶澳洲朱蕉（Cordyline australis）：通常被称为巨朱蕉，生长缓慢，叶子狭长，呈紫色，也有其他颜色的品种。
- 苹果桉（Eucalyptus gunnii）：被称为苹果酒树，在温带地区相对耐寒，这种常绿乔木有灌木的习性。它需要在春季中期至晚期进行彻底修剪，以促进其独特的新叶生长，这种叶片是圆形和蓝绿色的，它需要一个在阳光充足，能遮风挡雨的地方种植。
- "希稗"光叶长阶花（Hebe pinquifolia "Pagei"）：低矮的常绿灌木，灰色小叶，开白色小花，花期为夏初。
- 金边卵叶女贞（Ligustrum ovalifolium "Aureum"）：这是金叶女贞，金黄色的叶片中间点缀着绿色，为庭院增添了光彩。
- 南天竹（Nandina domestica）：通常被称为天竺，尽管它不是竹子。它的天性略显纤弱，但在有遮蔽的露台上作为盆栽生长良好。叶子的颜色从红色（幼苗期）变为中绿色。
- 金色萨瑟兰郡总序接骨木（Sambucus racemosa "Sutherland Gold"）：大型落叶灌木，在幼苗期非常适合种植在大型花盆中，金黄色的叶片，易修剪整齐。

生长缓慢的矮生针叶树

如何种植这些植物

生长缓慢的小型针叶树很适合种植在花桶和花盆里，以及旧石槽和坚固的花槽里，它们也可以种植在窗槛花箱里，作为冬季展示的一部分。排水良好、以壤土为基础的土壤是必不可少的，同时还要有良好的排水性。一旦种下，针叶树很容易生长，不需要太多关注，最终大多数针叶树都会长得不再适合在盆栽容器中，而被种植在花园里。

盆栽容器中的针叶树

在盆栽容器中种植针叶树的主要风险之一是，高大的针叶树有可能被大风吹倒，特别是如果种植在相对较小的花盆里。因此，要把它们放置在墙的遮蔽处。另一项保障措施是将易受风影响的针叶树种植在大型或厚重的盆栽容器中，如那些由重组的石头制成的盆栽容器。另外，土壤需以壤土为基础，而不是以泥炭为基础。其他风险是土壤在夏季变得干燥，而在冬季因几乎没有干燥的条件而造成土壤过度潮湿。

美国花柏"埃尔伍德"
Chamaecyparis lawsoniana "Ellwoodii"
生长缓慢，株型小的时候非常适合在盆栽容器中种植，短而羽毛状的灰绿色叶子，在冬天会呈现出钢蓝色的阴影。"艾尔伍德的金柱"该品种有金黄色的叶子。

灰柏
Chamaecyparis pisifera "Boulevard"
生长缓慢，浓密，轮廓呈狭长的圆锥形，长满了钢蓝色的羽毛状叶片，通常在浅色调的地方，它的亮度最高，可种在花桶里。

金线柏
Chamaecyparis pisifera "Filifera Aurea"
生长缓慢，是一种非常有特色的针叶树，轮廓呈圆锥形，平展的枝条上长着线状的下垂小枝，叶子呈金黄色，最终形成一个拖把头状的植物，可种在花桶里。

塔柏
Juniperus chinensis "Pyramidalis"
生长缓慢的针叶树，具有浓密的圆锥形轮廓，叶子呈暗绿色，新叶为蓝色调，当阳光照射在上面时，会产生吸引人的视觉效果，可种在花桶里。

欧洲刺柏"金叶"
Juniperus communis "Depressa Aurea"
生长缓慢，自然蔓延，枝叶茂密，幼时呈金黄色，随着蔓延生长，最终形成略像拖把头状的轮廓，可种在花桶里。

欧洲刺柏"爱尔兰"
uniperus communis "Hibernica"
生长缓慢，呈柱状轮廓，但最终呈狭窄的椭圆形，布满了针状的银背叶子，幼苗期适合种植在窗槛花箱，然后转入大型花盆，最后移入花园。

落基山桧"烟柱"

Juniperus scopularium "Skyrocket"

又名洛基山北美圆柏，生长缓慢，株型狭长，枝条直立，枝叶呈银白色和蓝灰色，轮廓独特，最好栽种在花桶中。

高山柏"兰星"

Juniperus squamata "Blue Star"

生长缓慢的低矮针叶树，密布着银蓝色的叶子，呈蹲伏状，但它的嫩枝打破了原有的轮廓，极具吸引力，可种在花桶里。

翠柏

Juniperus squamata "Meyeri"

生命力旺盛的半直立针叶树，在幼苗期或未长得太大时，非常适合种植在花桶里，布满蓝色的叶子，非常适合在庭院里创造一个显眼的蓝色展示。

欧洲赤松"伯夫龙"

Pinus sylvestris "Beuvronensis"

独特的微型苏格兰松树，低矮宽大的锥状轮廓，灰绿色叶片，在春季长出新枝时特别有吸引力，是种植在盆中的理想之选。

欧洲红豆杉"斯坦迪什"

Taxus baccata "Standishii"

生长缓慢，浓密的柱状针叶树，有金黄色的叶子，它是在庭院里创造形状对比效果的理想选择，虽然初期可在大型花盆里种植，但最终它需要花桶来为其提供更好的稳定性。

矮黄千头柏

Thuja orientalis "Aurea Nana"

又名黄金扁柏，生长缓慢，具有整齐、圆润的轮廓，适合先种在大型花盆里，之后再转移到花桶里，叶子呈美丽的浅黄绿色，放在阳光充足的地方时特别有吸引力。

北美乔柏"矮金"

Thuja plicata "Stoneham Gold"

生长缓慢，圆锥形的轮廓，叶片呈明亮的金色，叶尖呈铜青色，初期将其种植在大型花盆里，随后移植到花桶中。

其他可考虑的针叶树

- 哈德逊胶冷杉（Abies balsamea "Hudsonia"）：株型密集而紧凑，短叶排列紧密，散发出香脂的香味。
- "密枝"亚利桑那冷杉（Abies lasiocarpa var. arizonica）：生长缓慢，密集的圆锥形轮廓，拥有迷人的蓝灰色叶子。
- 金黄密叶美国扁柏（Chamaecyparis lawsoniana "Aurea Densa"）：生长缓慢，株型紧凑，叶片密集，呈金黄色，花枝短而扁平。
- 矮生美洲扁柏（Chamaecyparis lawsoniana "Minima Aurea"）：矮生针叶树，生长缓慢，呈圆锥形，花枝娇嫩，枝叶呈金黄色。
- "扁平"欧洲刺柏（Juniperus communis "Compressa"）：生长缓慢，柱状株型，多刺狭窄的叶片，叶背呈银色，非常适合种植在窗槛花箱、花盆和花槽中。
- "维尔多尼"平铺圆柏（Juniperus horizontalis "Wiltonii"）：生长缓慢，长枝布满了釉蓝色的叶片，可种在花桶里。
- "老金黄"刺柏（Juniperus x pfitzeriana "Old Gold"）：又称黄金刺柏，株型紧凑，有铜金色的叶片。
- 橘黄崖柏（Thuja occidentalis "Rheingold"）：生长缓慢，圆锥形的轮廓，丰富的浅黄色叶片点缀着琥珀色。

竹子

竹子是否适合在盆栽中种植

许多竹子在盆栽中生长得非常好，可以放在露台、台阶或房子周围。它们一年四季都能创造色彩和趣味。有些竹子的叶子有斑纹，有些则是全绿色。有些竹子的枝干是彩色的。一些高大的竹子，叶子很小，即使是最轻微的微风吹过，也会发出迷人的沙沙声，为花园带来轻松舒缓的特质。

竹子的盆栽容器和堆肥

大型陶制花盆、木质花桶和方形花箱是竹子的理想家园。大型、华丽、宽阔基底的大型陶制花盆是低矮竹子的理想之选，尤其是在异国情调的花园中。大花盆和方形花箱更适合生长在高处的竹子，通常放在同一位置，直到土壤被根部填满。花园里的土壤经常含有害虫。因此，最好是使用等量的保持水分的泥炭基土和壤土基盆栽土的组合。在种植竹子之前，将这些土壤组合充分混合在一起。

竹子的养护

将盆栽容器放在避免阳光直射的地方，并且远离会使植物干燥的强风。

- 保持土壤湿润，夏季可能需要每天浇水数次，特别是在天气炎热的情况下。
- 在竹叶和竹枝上的积雪结冰，变得难以清除之前，将积雪清理掉。
- 如果冬天特别严寒，记得用麻袋包裹盆栽容器，防止土壤结冰和损坏根部。
- 春天，将过于拥挤的植株移植到其他花盆。如有必要，也可同时对植物进行分株。

盆栽竹子的种类

低位展示：
- 菲白竹
- 翠竹
- 菲黄竹

中位展示：
- 神农箭竹
- 紫竹
- 丛生竹

高位主要展示：
- 华西箭竹
- 人面竹
- 矢竹
- 业平竹
- 筱竹

华西箭竹
Fargesia nitida
株高：3.6～4.5m
冠幅：丛生但不具侵入性
也被称为矮箭竹，有亮绿色的叶片，竹枝为浅紫色。

紫竹
Phyllostachys nigra
株高：2.4～3m
冠幅：中度侵入性
也被称为黑竹，有深绿色的叶片，竹枝最初为绿色，随后变成乌黑色。

菲黄竹
Pleioblastus viridistriatus
株高：0.9～1.2m
冠幅：中度侵入性
紫绿色的竹枝，金黄色的叶片，带有豆绿色条纹。

矢竹
Pseudosasa japonica
株高：2.4～4.5m
冠幅：中度侵入性
也被称为日本青篱竹，叶片为有光泽的暗绿色，叶尖呈柳叶形。

露台中的盆景

盆景是一种古老的艺术，它将一棵树种植在一个浅浅的盆栽容器中，并通过修剪叶子、芽、根和枝条，让它保持矮小和健康。这些树可以是落叶型（意味着它们在冬天会落叶），也可以是常绿型。有些是为了它们迷人的叶子，有些是为了它们的花或浆果。它们是户外植物，可以在支架上展示，或者全年在露台中摆放。

什么是盆景

户外盆景展示

盆景最好在腰部左右的高度进行观赏，层叠的盆景可能略高一些。永久摆放（独立或附在墙上）是展示植物的一种方式，但它不应该一直处于阴凉处。其他方法是使用高大的展示架，可以将层叠的盆景放在上面，或使用"猴杆"，这是位于坚固的木制或混凝土支架顶部的小平台。无论你的盆景植物放在哪里，都要确保蛞蝓和蜗牛无法破坏它们，但你可以一年四季都接触到，并养护它们。

盆景是否需要定期关注

盆景一年四季都需要关注，尤其是在其生长期间。

- 浇水：在春季、夏季和秋季，需要定期浇水。在冬季，户外盆景通常从雨水，或是雪中获得足够的水分。在夏季的炎热高峰期，植物需要每天浇水数次，随后让水在土壤中自由排出。
- 施肥：像所有其他植物一样，盆景需要定期施肥，不过在转移花盆后，要等到它们生长良好后再施肥。从春季到初秋，施用弱的普通肥料；使用专有的盆景肥料，并按照说明进行操作。

露台中的盆景

落叶乔木：
- 三角槭
- 鸡爪槭
- 欧洲山毛榉
- 英国榆树
- 榉树

观花灌木，乔木和攀缘植物：
- 连翘
- 山荆子
- 多花紫藤

针叶树：
- 银杏（落叶）
- 欧洲赤松（常绿）
- 异叶铁杉（常绿）

鸡爪槭
Acer palmatum
这是一种优雅的树，有五瓣叶子（有时是七瓣），一开始是绿色的，但到了秋天会变成紫红色或青铜色的色调。它可以用于大多数盆景风格，作为标志性的景观或成群种植都特别有吸引力。

五针松
Pinus parviflora
也被称为具五叶松，这种常绿针叶树的树冠较低，树枝宽广。紫色的树皮很有吸引力，有成片的黑色鳞片。蓝白色的针叶以五枚为一组。

垂柳
Salix babylonica
生命力旺盛，生长迅速，树形优美，最初具有向上的性质，之后出现下垂的枝条，有细长、狭窄、柳叶形、淡绿色至中绿色的叶片，还有黄绿色的柳絮。

多花紫藤
Wisteria floribunda
知名的落叶攀缘植物，枝条纤细，叶片由12～19片椭圆形的小叶组成。壮观的紫蓝色芳香花朵在春末夏初绽放，还有白色的花。

球根植物

如何种植球根植物

鳞茎和球茎是自然界能量储备源，它们在花桶、陶制花盆、窗槛花箱、花槽和墙篮中的生长范围广泛。其中包括小型品种，如番红花和微型水仙，以及花盆里的百合，使庭院充满颜色和芬芳。为了取得成功，必须种植健康的球茎；劣质的球茎永远不会创造出壮丽的展示，这对庭院里的盆栽来说非常重要。

陶制花盆中的百合花

盆栽百合的范围广泛，它们可以在秋季中期和春初之间的任何时候栽种。然而，基根生的类型在秋季种植时效果最好。以下是种植的方法。

- 一旦球茎成熟，就把它们单独种在 15 ～ 20cm 宽的陶制花盆里。只使用排水良好的土壤。
- 在花盆的底部放置排水材料。茎生型的植物要在盆中低处种植。普遍的做法是将所有的球茎种植到其深度的 2.5 倍左右。然而，白百合花应该栽种在土壤表面以下。
- 给土壤浇水，并将花盆放在阴凉的地方；可以放在室外，用粗沙覆盖；或者放在阴凉的地窖或暗棚里。
- 当植物开始生长时，逐渐将花盆移到光线较好的地方，浇水以保持土壤均匀湿润。

适合在陶制花盆中种植的百合花：

- 天香百合（Lilium auratum）：夏末秋初时开出大而灿烂的白色碗状花。属于茎生根型。
- 白花百合（Lilium candidum）：初夏和仲夏开白色的喇叭状花朵，蜂蜜般的香味，花药呈金色。属于基生根型。
- 竹叶百合（Lilium hansonii）：淡淡的橙黄色，有香味，在初夏和仲夏时节开出有棕色斑点的土耳其帽形花。属于茎生根型。
- 麝香百合（Lilium longiflorum）：白色的花，呈喇叭状，在夏季中期和晚期有金色的花粉。属于茎生根型。
- 美丽百合（Lilium speciosum）：夏末至初秋期间，有芳香气味，碗状、白色的花朵有深红色的阴影。在温暖的露台种植是非常重要的，或者可以在凉爽的温室里种植。属于茎生根型。

从黄水仙中获得更好的展示

在初秋时节种植黄水仙鳞茎，以便在春季享受辉煌灿烂的色彩盛宴。

- 清洁并将花盆摆放好。在底部铺设 5cm 厚的粗排水材料层。
- 在花盆顶部 20cm 范围内添加优质的壤土，并使其坚实。
- 将健康、优质的黄水仙鳞茎间隔 7.5cm 左右种植。在间隔中缓慢放置并紧实土壤。
- 再放一层球茎，把它们的基底放在已经就位的球茎之间。
- 在盆边缘 2.5cm 的范围内加入并压实堆肥。轻缓但彻底地浇灌土壤。

雪光百合
Chionodoxa gigantea
株高：20cm
冠幅：7.5～10cm
花呈淡紫蓝色，直径约36mm，花期从冬末到春季中期，有白色花心。

菊黄番红花
Crocus chrysanthus hybrids
株高：7.5～10cm
冠幅：5～7.5cm
知名的休眠植物，在冬末和春初期间开出多种颜色的杯状、蜂蜜香味的花朵。

雪花莲
Galanthus nivalis
株高：7.5～18cm
冠幅：7.5～13cm
叶子为独特的带状，开白色的花，花期从冬季中期到春初。有重瓣的形式。

风信子

Hyacinthus orientalis

株高：15～23cm

冠幅：10～15cm

春季，花尖上开满了白色、黄色、粉红色、红色和蓝色等多种颜色的花朵。

丹佛鸢尾

Iris danfordiae

株高：10cm

冠幅：7.5～10cm

有蜂蜜香味，呈花柠檬黄色，宽达7.5cm，花期为冬季中后期。

葡萄风信子

Muscari armeniacum

株高：20～25cm

冠幅：7.5～10cm

丛生，有狭长绿叶，向上直立的茎干，春末开出天蓝色的花朵。

围裙水仙

Narcissus bulbocodium

株高：7.5～13cm

冠幅：7.5cm

球茎状，在冬末和春初开独特的黄色，2.5 cm长的漏斗状花朵。

水仙—喇叭型

Narcissus – Trumpet types

株高：32～45cm

冠幅：7.5～10cm

受欢迎的球根植物，春季在户外开黄色或白色的独特喇叭状花朵。

球根植物的"生活真相"

- 一定要购买优质的球根植物来进行盆栽种植。一些大花水仙球茎是被用于在草地上自然生长，但这些不适合在花盆中种植。
- 不要在室外的花盆中重复种植早先在室内被强迫提前开花的球根植物。这些植物最好是移植到灌木丛的边缘地带。
- 当使用大型花盆时，不要混合种植不同的百合花球根。
- 请勿将不同品种的风信子混合种植在同一个花盆里，因为它们可能不会在同一时间开花，因此会降低展示的吸引效果。

其他可考虑的球根植物

- 光滑银莲花（Anemone blanda）：冬末至春季中期开蓝色的花。
- 雪百合（Chionodoxa luciliae）：冬末春初开白色花心的蓝花。
- 冬菟葵（Eranthis hyemalis）：冬末春初开柠檬黄色的花朵。
- 花韭（Ipheion uniflora）：春季开白色至深蓝色的花朵。
- 网脉鸢尾（Iris reticulata）：冬末春初开带有橙色斑纹的深紫蓝色花朵。
- 雪片莲（Leucojum vernum）：冬末春初开白色的花。
- 福斯特郁金香（Tulipa fosteriana）：春季中期开猩红色的花朵。

格里克郁金香

Tulipa greigii

株高：23～30cm

冠幅：13～15cm

耐寒的郁金香品种，在春季中期开钝头状的橙红色花朵。

郁金香—单瓣早花群

Tulips – Single Early

株高：15～38cm

冠幅：10～13cm

选择低矮型郁金香种植在花盆中。在春季中期，花色丰富，花通常为平开型；双瓣早花型的郁金香（如上图所示）也可以在花盆中种植，种植低矮型的郁金香以避免风害。

露台中的烹饪型草本植物

这里有许多盆栽容器可用于在露台中种植草本植物，包括栽培袋。窗槛花箱是小型草本植物的理想家园（见下文），陶制花盆和种植槽也是其他可选择的方案，这样就可以在厨房内轻松获得烹饪用的草本植物。与种植在边界的草本植物园不同（那里的植物可以几年不受干扰），在露台中种植草本植物时要准备定期检查盆栽容器中的植物，并清除入侵的类型。

烹饪用草本植物的采摘和储存

所有草本植物都以新鲜食用为佳，但有些植物有几个月不能采摘。

- 草本植物可以晒干或冷冻，供冬季食用（因此，它们不适合作为装饰品）。然而请记住，干燥的草本植物的味道会变得更加浓郁，与新鲜的草本植物相比，你只需要一半的用量。

- 冷冻草本植物时，采摘后要放在塑料袋里，并放在硬质盆栽容器中，以防止在冰箱中被压扁。最适合冷藏的是薄荷、韭菜和欧芹。

窗槛花箱里的草本植物

夏季，窗槛花箱是小型草本植物的理想家园。在循环使用窗槛花箱的过程中，可以在移除春季观花的植物后，立即在窗槛花箱中种植草本植物（详见第 50 页关于窗槛花箱的使用）。

虽然草本植物可以直接种植在窗槛花箱的堆肥中，但通常最好把它们放在独立的花盆中，然后再直接放在窗槛花箱中；在它们周围包上潮湿的泥炭，这样就能控制薄荷等快速生长的草本植物。

此外，可以清除不再美观的草本植物，并在其位置上种植新鲜的草本植物幼苗。

陶制花盆中的草本植物

没有在厨房门口附近种几盆草本植物的露台是不完整的。

- 观赏性的花盆群，或更实用的类型，可以种植韭菜、薄荷、欧芹和百里香，是草本植物的理想家园。

- 这些草本植物大多可以在花盆和其他盆栽容器中种植几年，但欧芹通常是作为一年生植物种植，每年都需要培育新的植株。

- 月桂通常作为半标准树种植在花盆或大型陶制花盆中。一定要使用大型盆栽容器和盆土，这样可以给植物一个稳定的基础。

虾夷葱
Allium schoenoprasum
株高：15～23cm
冠幅：20～25cm
耐寒多年生球根植物，管状叶，有温和的洋葱味，星形花。

月桂
Laurus nobilis
株高：1.2～1.8m（在花盆中）
冠幅：60～75cm（在花盆中）
耐寒常绿乔木，非常适合在花盆中作为半标准树种植。叶片为中绿色，有光泽，有香味，可添加至食物中。

香蜂花
Melissa officinalis
株高：45～60cm（在花盆中）
冠幅：30～45cm（在花盆中）
多年生草本植物，非常适合种植在花盆中。叶子有清新的柠檬香味，是理想的调味料。

留香兰
Mentha spicata
株高：30～45cm
冠幅：不限定
多年生草本植物，叶子芳香，有独特的薄荷味；可用于制做薄荷酱。

马约兰花牛至
Origanum majorana
株高：45～60cm
冠幅：30～38cm
丛生，略显柔弱的多年生植物，被称为甜墨角兰或多节墨角兰。叶子有甜美的芳香。

皱叶欧芹
Petroselinum crispum
株高：30～45cm
冠幅：23～38cm
耐寒的两年生植物，通常作为一年生植物种植，具有分枝的茎，叶呈中绿色；可用于调味和装饰。

迷迭香
Rosmarinus officinalis
株高：0.9～1.2m（在花盆中）
冠幅：45～75cm（在花盆中）
耐寒的常绿灌木，叶子有香味。在春末和夏季开淡紫色、白色或亮蓝色的花。

芸香
Ruta graveolens
株高：30～45cm（在陶制花盆中）
冠幅：30～38cm（在陶制花盆中）
耐寒的常绿灌木，叶子深裂，呈蓝绿色。采摘并切碎后可加入沙拉中。

药用鼠尾草
Salvia officinalis
株高：30～45cm（在花盆中）
冠幅：30～45cm（在花盆中）
常绿，略显柔弱的灌木，叶子呈灰绿色，有皱纹，在夏初和仲夏时期开紫蓝色的花。

花园百里香
Thymus vulgaris
株高：10～20cm
冠幅：23～30cm
耐寒的矮生常绿灌木，叶子芳香，呈深绿色，可用于食品和馅料的调味。

种植槽中的草本植物

在种植槽（两侧带有杯状孔的花盆盆栽容器）中种植草本植物，是在小范围内采摘小型草本植物的理想选择。其形状和颜色的范围既能创造出有吸引力的特征，又能在整个夏天供应烹饪用的草本植物。

- 有些种植槽是用塑料制成的，有些是用玻璃纤维和人造石制成的。
- 由于植物通常会在花盆中种植数年，因此要确保多余的水可以轻易地从花盆的底部排出，并且要使用以壤土为基底的土壤。
- 为了使快速蔓延生长的草本植物保持较小的规模，应定期剪掉其生长尖端。

芳香的百里香

除了普通百里香（Thymus vulgaris）有芳香的叶子外，其他的百里香也有吸引人的花束。以下是其中的两种。

- 高加索百里香（Thymus herba-barona）：有时也被称为香饼百里香，它有葛缕子香味，哑绿色的叶子，生在具有匍匐性质的植物上。初夏时节，管状的淡紫色花朵开在顶生的花簇中。
- 橙味百里香（Thymus x citriodorus）：外观与普通百里香相似，它的叶子有柠檬香味。要想获得更多的颜色，可以尝试彩叶或斑纹叶的品种。它的使用方法与普通百里香相同。

芳香的薄荷

- 苹果薄荷（Mentha rotundifolia）：有时被称为圆叶薄荷，淡绿色的叶子散发出苹果的香味。
- 白兰地薄荷（Mentha x piperita）：矛状到心形的绿叶，通常带有红紫色，并具有强烈的薄荷味。
- 姜薄荷：（Mentha x gracilis）叶子呈中绿色，带有生姜气味。
- 薄荷（Mentha requienii）：也被称为科西加薄荷，有淡绿色的叶子和薄荷的气味。

攀缘植物

在花盆中可以种植各种攀缘植物，并创造出华丽的展示。这些植物包括多年生的攀缘植物、一年生的攀缘植物和草木类型。其中一些因其花朵而闻名，其他的则因其多彩的叶子而闻名，如铁线莲和紫藤；许多还具有极好的香味。然而，当攀缘植物种植在花盆中时，它们需要定期关注，以确保土壤在整个夏季保持均匀的湿润。

适合攀缘植物的花盆

对于在同一花盆中种植数年的攀缘植物来说，花盆中的土壤量尽可能多是非常重要的。土壤量越大，根部在夏季过热和冬季受冻的风险就越小。此外，木制花盆具有土壤隔热的能力，比金属类型的花盆要好，因为后者在夏天会迅速升温，而在冬天则保持低温。大型陶制花盆是攀缘植物的理想选择。如果花盆很大，一定要在填土前将其放置好，否则你可能无法移动它。

打造三脚花架的展示

与其在花架上创造一个屏幕状的花叶展示，不如尝试三脚花架的展示。这是一种理想的展示方式，可以从各个方面观赏。适合的攀缘植物包括半耐寒的一年生植物和草本植物，例如黄叶啤酒花。

使用一个大花盆，将1.5～1.8m长的竹条插入盆边的土壤中。

- 将它们的顶部向中心倾斜，并将它们绑在一起，距离顶部约15cm。
- 如果你想要打造速成的展示，可以多种植几株攀缘植物。

三种可尝试的迷人展示

- 将三株华丽的大瓣铁线莲（Clematis macropetala）种在一个旧的、直立花盆的顶部。确保花盆排水良好，并使用盆栽土壤。在春末夏初，将开满5～7.5cm宽的浅蓝色和深蓝色花朵，覆盖花盆。
- 在华丽的栅栏旁放置一个花桶或一个大型赤陶制花盆，在里面种植大花铁线莲。有很多品种可供选择，它将把栅栏装饰得五彩缤纷。
- 在一个花盆里用竹藤搭建一个圆锥形帐篷，在里面种上几株香气扑鼻的香豌豆，让它在竹藤上生长。

电灯花
Cobaea scandens
株高：1.8m（在花盆中）
半耐寒的多年生植物，通常作为半耐寒的一年生植物种植，在整个夏天开紫绿色的花。

智利悬果藤
Eccremocarpus scaber
株高：1.8m 在花盆中
在温带气候中稍显娇弱，属于常绿攀缘植物，整个夏天都开着橘红色的管状花。

黄叶啤酒花
Humulus lupulus "Aureus"
株高：1.5～1.8m 在花盆中
耐寒的多年生草本植物，茎上长有大量五片叶状的明亮黄绿色叶片。

三色牵牛
Ipomoea tricolor
株高：1.5～1.8m（在花盆中）
半耐寒的一年生植物，在夏末和秋季开蓝色或紫色的大喇叭状的花朵。

香豌豆的种植

香豌豆（麝香豌豆）是一种著名的柔软植物，在整个夏天开许多不同颜色的花。颜色包括红色、蓝色、粉色和紫色，以及白色。

- 香豌豆确实是一种耐寒的一年生植物，但为了在花盆中创造速成的展示，它总是作为半耐寒的一年生植物种植。
- 年初在温室内温和的土壤中播种，一旦所有的霜冻风险过去，就可以将幼苗移植到花盆中。
- 在陶制花盆里种植时，一定要选择矮小的香豌豆品种。
- 可以定期采摘花朵，以促进生长。

香豌豆
Lathyrus odoratus
株高：0.6～1.8m（在花盆中）
耐寒的一年生植物，通常作为半耐寒的一年生植物种植。从夏初到秋季，开各种香味的花。

西番莲
Passiflora caerulea
株高：1.8～2.4m（在花盆中）
稍显娇弱的蔓生落叶攀缘植物，夏初至夏末开7.5 cm宽的白花，蓝色花心。

翼叶山牵牛
Thunbergia alata
株高：1.2～1.8m（在花盆中）
耐寒的一年生攀缘植物，夏初至秋季开5cm宽的橙黄色花朵，深色花心。

旱金莲
Tropaeolum majus
株高：1.5～1.8m（在花盆中）
耐寒的一年生植物（攀缘，矮生和蔓生），整个夏季开多种颜色的花。

裂叶旱金莲
Tropaeolum perigrinum
株高：1.5～1.8m（在花盆中）
半耐寒多年生植物，通常作为耐寒的一年生植物种植。从仲夏到秋季，开不规则形状的黄花。

花盆中的铁线莲

铁线莲能够创造出迷人的色彩盛宴，但在花盆中种植可能很困难，通常是因为它太小，没有足够的土壤来提供水分储备。不过，如果这些问题能够被克服，以下品种将可能为露台增添几分色彩。

- 山木通（Clematis armandii）：常绿攀缘植物，有碟形，宽5～6.5cm，在春季中期开白花，有时稍晚。"苹果花"品种开粉红色和白色的花朵，而"雪舞"品种则开纯白色的花朵。它生命力强，需要一个大型支架供其攀缘生长。
- 席氏铁线链（Clematis florida "Sieboldii"）佛罗里达型铁线莲：通常为落叶型，但在温暖的气候下是半常绿的，具有灌木状和稀疏的习性。在春季中期和晚期，开出白色的重瓣花。
- 铁线莲的大花品种：这些是很受欢迎的铁线莲，但除非确保堆肥保持凉爽和潮湿，否则很难种植成功。有许多优良的品种和颜色。培育期间与其提供特殊的支撑，不如将花盆放置在观赏性铁艺栅栏附近。
- 大果铁线莲（Clematis macrocarpa）：在春末夏初，开5～7.5cm宽，浅蓝色和深蓝色的花朵。将其种植在大花盆中。

陶制花盆里的紫藤

紫藤是一种木质落叶攀缘植物，通常靠墙生长，在春末夏初时，会开出下垂的芳香紫蓝色花簇。除了普通的蓝花型外，还有一种白花型。多花紫藤（Wisteria floribunda）不像紫藤（Wisteria sinensis）那样有活力。它也可以种植在避风的庭院里的花桶或大陶制花盆中。将一根茎向上培养，在头部高度形成一个树冠；支撑起茎部，并为其横向生长的枝条提供一个铁丝框架。冬季和夏季的修剪都是必要的，以防止过度生长。

前厅和门廊的植物

如何种植这些植物

前厅和门廊是室外和室内的中间地带，为种植耐寒的室内植物提供了良好条件。前厅是封闭的区域，但门廊往往更容易暴露在室外天气中，特别是那些完全开放的设计，没有任何遮挡形式的外门。室内吊篮（带盛水盘，防止水滴落在地板上）可以在这些地方种植，栽入多种观叶和观花植物。

种植技术

在室内吊篮中种植植物有两种主要方式。第一种方法是把它们的花盆拿掉，将其种在土壤里；而另一种方法是把它们留在盆里，只是把它们放进一个平底吊篮里。后一种方法使植物可以很容易地被替换掉，

这样那些看起来不美观的植物就可以被移走。第55页对这些方法的技术进行了描述和说明。无论选择哪种方法，都要确保土壤均匀湿润，特别是在夏季。在冬季，可以保持稍微干燥。

前厅和门廊的蕨类植物

除了"真正的"蕨类植物外，还有其他一些具有类似外观的植物，它们的通用名称中往往有"蕨类"一词。下面是一些蕨类植物和它们的"相似品"。

- 狐尾密花天门冬（Asparagus densiflorus "Myersii"）：直立生长，随后成拱形，瓶刷状茎带有中绿色的叶子，冬季最低可生存温度为7℃；可将其种植在吊篮或墙篮中。
- 密花天门冬（Asparagus densiflorus "Sprengeri"）：拱形，线状茎具中绿色叶片，可抵御最低温度为7℃；可将其种植在吊篮或墙篮中。
- 鳞茎铁角蕨（Asplenium bulbiferum）：大而精细的叶片，长有小鳞茎，使叶子垂落生长。冬季可抵御的最低温度为4℃；可将其种植在吊篮中或墙篮中。
- 高大肾蕨（Nephrolepis exaltata）：直立的、层叠的、深裂的剑状叶片，"波士顿肾蕨"有更多的拱形叶片；"马氏蕨"有淡绿色、密密麻麻的褶皱叶片；冬季可抵御的最低温度为7℃～10℃；尽量避免气流，并种植在吊篮中。
- 圆叶旱蕨（Pellaea rotundifolia）：一种不寻常的蕨类植物，在纤细的茎上长有小的、纽扣状的革质叶片。

球根秋海棠"垂枝"
Begonia x tuberhybrida "Pendula"
株高：15～20cm
蔓生：30～38cm
娇嫩的块根植物，夏季开多种颜色的玫瑰状花朵。

意大利风铃草"克里斯托"
Campanula isophylla "Krystal"
株高：15cm
蔓生：至45cm
耐寒的多年生植物，夏初至夏末开宽25mm的星形蓝色或白色花。

金边吊兰
Chlorophytum comosum "Variegatum"
株高：20～30cm
冠幅：45～60cm
一种室内盆栽植物，叶子狭长，有杂色，茎长，末端会生长出新的植株幼苗。

菊花一层叠型
Chrysanthemum morifolium –
Cascade Types
株高：10～15cm
蔓生：30～45cm或更多
易受霜冻的植物，具有蔓生特性，开大约2.5cm宽的雏菊状小花，有多种颜色。

墙篮中的前厅植物

一些小型的、相对耐寒的室内植物非常适合单独种植在墙篮中（但要避免放在温度低于 5℃ 的地方）。以下是几种选择。

- 斑叶锦竹草（Callisia elegans）：肉质的，暗绿色的叶子，有白色条纹和紫色的底部。
- 金边吊兰（Chlorophytum comosum）：一种常见的室内植物，叶子狭长，呈白色和绿色条纹，长茎末端生长新的植株幼苗。
- 花叶垂榕（Ficus radicans）：层叠，丝状茎，细尖长矛状的中绿色叶片，边缘呈奶油色。
- 花叶非洲求米草（Oplismenus hirtellus）：茎多，缠绕杂乱，叶片带有白色和粉色条纹。
- 条白钝叶草（Stenotaphrum secundatum）：最长可达 13cm 的绿叶，叶片狭窄且带有白色条纹。
- 千母草（Tolmiea menziesii）：长约 5cm 的椭圆至卵形的叶子，有奶油色条纹；还有其他几种形式，其中一些是银色的条纹。
- 吊竹梅（Zebrina pendula）：也被称为斑叶鸭跖草，有粗大的茎，叶片呈中绿色，其上叶面有两条银色的条纹。

具柄麦秆菊
Helichrysum petiolare
株高：30～38cm
冠幅：40～50cm或更多
柔软的灌木状多年生植物，茎叶疏松，呈银灰色。有几种形式的杂色或彩色的叶子。

大陆天竺葵
Pelargoniums – Continental Geraniums
株高：20～30cm
蔓生和层叠
易受霜冻的娇嫩植物，夏季开大量花朵，颜色丰富，需购买已成型的植株种植。

盾叶天竺葵
Pelargonium peltatum
株高：10～15cm
蔓生：45cm或更多
娇嫩的多年生植物，具有肉质的中绿色常春藤形叶片；夏季开胭脂红色花朵，有许多优秀的品种。

混搭植物与吊篮

在一个吊篮中种植几种不同的植物，可以打造长期的展示，并具有更多的趣味。

- 凉爽的前厅：中央的蒲包花（Calceolaria x herbeohybrida）、垂枝的矮牵牛花和六倍利在夏季创造出丰富多彩的展示。搭配使用黄色和蓝色，这样的展示非常适合装饰门廊或前厅的白墙。
- 温暖的前厅：在中央种植龙血树，周围点缀天竺葵藤（Pelargonium）和六倍利；也可作出改变，使用球根秋海棠代替龙血树。
- 全绿展示：观花植物对吊篮的展示来说是非必需的。可以尝试将密花天门冬（Asparagus densiflorus）种植在中央，周围点缀上杂色的小叶洋常春藤（Hedera helix）、四色吊竹梅（Tradescantia zebrina）和金心垂盘景天（Sedum sieboldii）。当靠纯色墙摆放时，这种布置就会显得很突出。
- 丰富多彩的展示：可在中央种植开粉色花的秋海棠，搭配蔓生的杂色的小叶洋常春藤，层叠的倒挂金钟和蔓生的"垂枝"球根秋海棠。

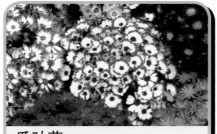

瓜叶菊
Pericallis x hybrida
株高：30～38cm
冠幅：25～38cm
半耐寒的多年生植物，也被称为富贵菊和黄瓜花；有颜色丰富的圆顶花冠；必要时可更换植株。

虎耳草"三色"
Saxifraga stolonifera "Tricolor"
株高：10～15cm
蔓生：30～45cm或更多
易受霜冻的娇嫩植物，大而绿的叶片上点缀了粉色和淡黄色的斑纹，可以单独种植或与其他植物一起种植。

花盆与蔬菜

在花盆中种植蔬菜

有几种蔬菜可以在露台的花盆中种植，最成功的类型是那些可以收获它们的叶子、豆荚或果实（如西红柿）的蔬菜。少数根茎类作物，如萝卜，可以用花盆、栽培袋和窗槛花箱种植，而胡萝卜和甜菜可以在装有易碎堆肥的深层花箱中种植。大型蔬菜最好还是在花园的菜地里种植；马铃薯可在栽培袋、深层陶制花盆和花桶中种植（见 45 页）。

选择合适的盆栽容器

对于在花园里有大片菜地的园艺爱好者来说，在露台里用盆栽容器种植食用植物是没有必要的。然而，当阳台、庭院和露台是唯一的园艺区域时，种植新鲜蔬菜的想法是非常有诱惑力的。将蔬菜和盆栽容器搭配起来是很重要的，本文提出了合适的搭配建议。蛞蝓和蜗牛是主要的害虫，但可以通过将地面盆栽容器放在砖块上来降低这种风险；栽培袋可以放在旧的、切割下来的托盘基座上，基座垫上四块砖块，这也使得在必要时更方便地重新放置栽培袋。

吊篮里的西红柿

在一个 45cm 宽的铁丝网篮中铺上黑色塑料。

当所有的霜冻风险过去后，在花篮里种植 2 ~ 3 株西红柿。在花篮里填上部分以泥土为基质的土壤；在以泥土为基质的土壤中长出的植物比以泥炭为基质的植物矮。

- 种植诸如"不倒翁""阳台黄色"和"阳台红色"等品种；扶实植株周围的土壤，并将塑料布修剪得略高于花篮的边缘。此外，用刀在基座上划出小孔，利于排水。
- 植株若生长得自然茂盛，则不需要去除侧芽，需要在果实变色后就立即采摘。

窗槛花箱里的蔬菜

与吊篮相比，窗槛花箱可以种植更多的蔬菜。

- 黄瓜：在所有霜冻风险过去后立即购买幼苗，并在窗槛花箱中央种植一棵；当植株长出 6 ~ 7 片叶子时，掐掉生长尖，任由枝茎蔓延生长。
- 甜椒：当所有的霜冻风险都过去后，在窗槛花箱种植 2 ~ 3 株幼苗。
- 西红柿：在所有霜冻风险过去后，将两株灌木型西红柿植株种植在窗槛花箱中，无需去除侧芽。

紫茄子
也被称为茄子，这些耐霜冻的植物可以在室外温暖的露台中种植。肥沃的土壤是必不可少的，当果实颜色均匀且仍有光泽时就可以采摘。
种植方式：栽培袋、大型陶制花盆、墙篮、花槽。

菜豆类植物—矮生类型
这类植物不需要支架，在低矮的植株上能长出大量的豆荚；充足的阳光和湿润的土壤是必不可少的；在豆荚小而嫩时进行采摘。
种植方式：栽培袋、大型陶制花盆。

密生西葫芦
也被称为绿皮密生西胡芦，这些耐霜冻的植物可以在室外温暖的露台中生长，在肥沃的堆肥中种植；在果实还很鲜嫩时采摘。
种植方式：栽培袋、墙篮、花槽。

黄瓜
紧凑的、灌木品种是窗槛花箱里必不可少的主角，可以在种植后两个月内采摘。
种植方式：栽培袋、窗槛花箱、墙篮、花槽。

花盆里的马铃薯

花桶和大型陶制花盆可用于种植新鲜的马铃薯。

- 初春，彻底清洁盆栽容器并检查其底部是否有排水孔，并将盆栽容器立于砖块之上。
- 在底座上铺上 10 ～ 13cm 厚的壤土基土壤，并种上 4 ～ 5 颗马铃薯种子。
- 用 10 ～ 13cm 的土壤覆盖它们。抽芽时，用更多的土壤覆盖它们，直到距离嫩芽边缘 36mm 以内。
- 保持土壤湿润，但不要积水，大约三个月后采摘。

莴苣

选择小型品种，在一个栽培袋中种植八株。活叶式的叶子是最好的，在很长一段时间内，一次可以摘掉好几片叶子。
种植方式：栽培袋。

马铃薯

选择"早收"品种，在春季中期种植，在仲夏采摘；或者在仲夏种植，春初采摘，但必须进行防冻保护。
种植方式：花盆，大型陶制花盆，特制马铃薯种植槽，栽培袋。

萝卜

在种植蔬菜的盆栽容器中，将这些快速生长的蔬菜作为空间填充物。从春季中期到仲夏连续播种；在萝卜还很鲜嫩的时候进行采摘。
种植方式：花盆，窗槛花箱，栽培袋。

甜椒

也被称为灯笼椒，这些娇嫩的蔬菜需要肥沃的土壤、充足的阳光和水分，以便茁壮成长。在所有霜冻风险过去之前，不要在室外种植。
种植方式：栽培袋，墙篮，花槽，窗槛花箱。

西红柿

受欢迎的易受冻害植物（必须在温暖、避风的区域种植），在花盆中种植单干形（单根直立的茎）品种，但记住灌木型更容易种植。
种植方式：单干形品种适合陶制花盆；灌木型品种适合吊篮，墙篮，花槽。

栽培袋的优势

除了购买成本相对较低外，栽培袋还有其他几个优点。

- 它们很轻，因此非常适合在阳台以及露台和台阶上使用。
- 堆肥保持干净，没有任何病虫害。
- 使用前易于运输和储存。
- 只要在植物成活后定期施肥，就可以实现良好的生长。
- 栽培袋有多种用途，可种植范围从蔬菜到草本植物，还可以回收，在下一年循环使用。

栽培袋的使用准备

若想成功使用栽培袋，要花一些时间做好准备。

- 清洁外部，然后摇晃土壤使其松动；将其放在平坦的表面上。
- 如果蛞蝓和蜗牛是一个风险，把袋子放在一块略高于地面的板子上。
- 有时会有一条垫板放在中间，以防止侧面裂开。
- 根据袋子上的指示，扎上一些排水孔。
- 在将植株种入袋中之前，用水浸透土壤，并排水。

栽培袋中的蔬菜

植物的数量是指一个标准栽培袋的量。

- 丛生法国豆：种植六株丛生的植株，荚果在弯曲约 10 ～ 15cm 长时即可轻松折断，说明可以准备好收获采摘。
- 西葫芦：种植两株，定期浇水和施肥，在果实鲜嫩时立即采摘，这将促进结更多的果实。
- 莴苣：在一个袋子里种八棵莴苣。
- 西红柿：种植 3 ～ 4 株幼苗，支架是必不可少的（有专用类型）；需要定期给植株浇水和施肥。

花盆与水果

在花盆中种植水果

有几种水果可以在盆栽容器中种植，但它们的寿命比蔬菜长，因此每年需要更多的养护和关注。大多数盆栽容器种植的水果需要大型盆栽容器，如花盆和大型陶制花盆。不过，草莓可以种植在吊篮和种植槽里，也可以种植在侧面开有种植孔的大花盆里，这种传统方法可以追溯到一百多年前。

方位和养护

首先，一个温暖、避风的位置是非常重要的，而且整个夏天都要定期和彻底地灌溉土壤。其次，良好的排水性也是至关重要的，并且要使用以泥土为基础的土壤，而不是泥炭土。冬季，用塑料或两个大瓷砖像帐篷一样倾斜地盖在土壤上，以防止土壤变得过于湿润，不然就会导致根部腐烂，并使它们面临土壤冰冻的风险。如果不使用网兜，鸟类很快就会破坏花蕾和果实，所以最好使用铁丝网笼子，但这是保护水果的一种昂贵方式。

草莓与吊篮

草莓不需要大量的土壤，不仅可以种植在吊篮中，还可以种植在其他受土壤限制的盆栽容器中，如窗槛花箱和墙篮。

- 种植用种子培育的品种，在春末或夏初购买幼苗。如果栽种后有霜冻的风险，可在上面铺几张报纸。
- 在一个大的吊篮里种上三株，或在窗槛花箱和墙篮种植，每株间隔约 20cm。

草莓与花盆和酒桶

花盆具有传统的形状和质朴的性质，长期以来一直被用于装饰和种植草莓。早期用于运输葡萄酒的大型高腰花桶，经过改造后可以用来在庭院中创造引人注目的特色，第 69 页描写了如何改造一个大桶。

- 酒桶（通常约为膝盖高度）也可以进行改造，要么在其侧面开孔，要么只取出一端，将酒桶竖立起来，在顶部种上草莓。
- 无论将草莓种植在花盆还是酒桶中，良好的排水性都是至关重要的，以防止其根部受损。

苹果
如果只有一棵果树的空间，就选择苹果。最好的方法是购买一棵"同科"果树，并以金字塔形式种植。采摘和食用时间取决于所选择的品种（如第 47 页所示）。

草莓与种植槽

有些种植槽（侧面有孔）是由玻璃纤维制成的，有些则是由再造石料制成的。不管是什么材料，它们都是草莓的理想家园，在需要重新播种之前，它们可以在原地种植 2 ～ 3 年。

- 检查底座上的排水孔是否被堵塞。然后，在底座上放置 5cm 的粗制排水材料。
- 将一块铁丝网（长度略小于花盆的深度）卷成约 7.5cm 宽的管子，垂直放置在盆栽容器底部，并填入大石头。
- 在盆栽容器里填上壤土，与第一个种植孔持平。
- 将一株草莓放进种植孔里，将根部在土壤中舒展开，铺上土壤并夯实。
- 添加更多的土壤，分阶段在盆栽容器中种植并填充土壤。
- 将草莓植株置于顶部，轻轻地、彻底地浇灌土壤。
- 可以种植几个品种，包括"Bounty"（夏季中期结果）、"Cambridge Favorite"（夏季早期和中期结果）和"Gento"（夏季后期和秋季结果）。

蓝莓
这些低矮的灌木浆果越来越受欢迎，而且容易种植。当浆果开始成熟时，鸟类可能会成为危害，通过布置网子可以阻止它们进行破坏；同时，使用酸性土壤和软水也是必不可少的重要秘诀。

苹果与花盆和大型陶制花盆

苹果是一种在盆栽种植中受欢迎的果树，但有一些重要的考虑因素需要记住。

- 木质花桶或大型赤陶制花盆是必不可少的，至少要有38cm的深度和宽度。在其中放置泥罐碎片以创造良好的排水性；使用盆栽土。
- 使用矮化砧木，如M27或M9。如果不使用这些品种的砧木，在盆中种植苹果是不现实的。
- 为确保授粉（以及随后的果实发育），选择"同科"果树，即在一个砧木上嫁接3～4个不同但相容的品种；或者在多个盆栽容器中种植不同的品种。
- 购买一棵两年树龄的树苗，种植并固定它。
- 它最好被修剪成金字塔形，这意味着在冬季要将主要的枝条修剪至距离树干约15cm处。此外，将植株顶部附近的侧枝修剪至距离树干15～20cm处，将树基附近的侧枝修剪至距离树干25～30cm处。
- 在次年冬天，将所有枝条修剪至距离前一个生长时期生长出的枝条约15～20cm处。
- 在第一年，让2～3个果实生长；在之后的年份，预计产出约4.5公斤的果实。

无花果

无花果的生长需要温暖的气候和遮蔽的位置，果芽在夏季生长，次年可以采摘。当无花果的茎变弱，果实自由悬挂时，就可以采摘了。

桃子

对桃子来说，温暖的环境是必不可少的。需要单独测试每个果实是否可以采摘，将每个果实放在手掌中，然后扭动，如果果柄很容易从树枝上分离，说明果实已经成熟。

草莓

草莓是最受欢迎的水果，可以种植在各种盆栽容器中，从吊篮到种植槽和花盆。定期检查果实的采摘情况；采摘工作应在早晨进行，此时果实干燥且颜色艳丽。

桃子与大型陶制花盆

除了避开寒风，还有一些其他的必要条件。

- 摆放在有阳光照射的温暖的墙边。
- 为了便于修剪，种植成灌丛形式。
- 使用矮化砧木，如Pixy，在花桶或大型陶制花盆中能长成1.8～2.1m高的树。
- 选择相对耐寒的品种，如"约克公爵"（于仲夏采摘）或"游隼"（于夏末采摘）。
- 春季要保护花朵不受霜冻和鸟类侵害，之后要保护成熟的果实不受鸟类侵害。
- 人工授粉是极其重要的。

无花果与大型陶制花盆

除非根部受到限制，否则无花果会疯狂生长，并且牺牲果实为代价促进枝叶生长。因此，它们非常适合在盆栽容器中种植。以下是一些成功种植的要领。

- 春季，将无花果幼苗种到一个大型陶制花盆里，放在有遮蔽的温暖墙边。
- 将无花果当作小型灌丛种植（而不是展开呈扇形）。
- 冬季，保护嫩枝和无花果幼苗不受冻害。
- 每2～3年重新栽种一次。
- 选择诸如"棕色土耳其"（于夏末秋初采摘）和"白色马赛"（于夏末秋初采摘）等品种。

蓝莓与大型陶制花盆

这类植物越来越受欢迎，在大型盆栽容器中容易种植。以下是一些关于它们成功种植的要领。

- 选择一个至少45cm深和宽的花盆或大木箱。良好的排水性是非常重要的。
- 使用酸性土壤并在春季种植，约长到1.2m高。
- 使用流行且广泛种植的"蓝丰"品种。
- 春季开带有粉色的、迷人的白花，于仲夏结果。
- 保护浆果免受鸟类侵害。最好用软水浇灌这类植物。

植物的选择和购买

谨慎购买

想要植物在盆栽容器或花园中成功种植，很大程度上在于购买健康、生长良好、无病虫害的植物，这些植物会很快成活，并创造出华丽的展示。特别是夏季观花的花坛植物，在它们被期望用来装饰盆栽容器并增添色彩之前，其培育时间是有限制的；为春季展示选择球根植物也需要注意，劣质的球根植物不会产生良好的展示效果。

小型的、装饰性的赤陶花槽为露台或像这样的碎石路增添了额外的色彩和趣味。

哪里可以买到植物

许多地方都出售在盆栽容器中种植的植物，包括园艺中心、苗圃、超市和当地商店。市场上还有花店和摊位，还可以通过邮购进行购买。不过，无论你通过什么渠道购买，都要买质量上乘的，如果几个月后不能产生良好的观赏效果，那么贪图便宜买到的东西就是为昂贵的经验买单。

园艺中心

从园艺中心购买植物是一个受欢迎的渠道，在购买前可以对植物进行检查。此外，如果你对购买什么有疑问，可以进行咨询。这里通常有各种各样的植物，每天都有专业人员进行检查，以确保它们是健康和美观的。

苗圃

从苗圃购买的植物通常是在该地种植的，苗圃的工作人员对它们的品质和特性都很了解，可以向他们进行咨询。有些苗圃专门种植特定的植物，如竹子、乔木和灌木，而其他苗圃则种植寻常普通的植物。

网购

如果你不在家或有交通困难，网购也是购买植物的理想方式。一些网站或购物平台都有出售来自各地的植物。对于质量，主要依靠店主的诚信。交货后应立即对植物进行检查，如有问题需告知店主，再商议退换。

需要注意的事项

健康情况

在购买任何植物之前，要检查它是否生长旺盛，看起来是否鲜艳健康。以下是检查植物时的一些要领。

- 土壤湿润但不积水。如果土壤干燥，植物就会枯萎，如果土壤过度湿润，根部不活跃，也许会腐烂。
- 叶子和花应该没有污点和病虫害的迹象，需观察叶子下面。
- 不要购买瘦弱的植物，它们永远不会复原，以后可能会在盆栽容器中留下空隙。
- 不要购买暴露在极端温度或强风中的植物，它们可能已经被冻伤或晒伤。

常见问题

大多数问题都是由于人员疏忽造成的，因为春季和初夏的销售量多，而养护它们的时间有限。因此，在购买之前，请记住：

- 如果夏季观花的花坛植物是以捆状或整盘的形式出售，请检查它们是否都处于可销售的状态，靠近边缘的植物是最脆弱的。
- 如果夏季观花的花坛植物的根部只是稍微生长出盆栽容器，那就没有问题；但如果根部进一步蔓生，就意味着从盆栽容器中取出植物时要将其折断。
- 如果盆栽容器内生长的灌木的根部被覆盖并延伸到盆栽容器外，这表明该植物可能受到了损害。

罕见问题

园艺中心和苗圃需要考虑声誉问题，努力确保客户对植物感到满意，并再次光顾，保证外观和质量都是非常重要的，但不是所有供应商都能做到这样。

- 即使现在土壤可能是湿润的，叶子边缘干枯则表明早期忽视了浇水。
- 有啃咬痕迹的叶子和茎，以及斑驳的斑块，表明存在咀嚼和吸食叶片的害虫。需要观察叶子下面。
- 枯萎的茎和叶子表明可能存在啃食根部的害虫，以及水的缺乏——需要立刻大量浇水。

购买植物的时机

一年中购买植物的时间取决于其性质和用途。

- 春季观花的球根植物：夏末购买，以便在秋初种植。可从球根植物专卖店以及园艺中心和当地花店购买。
- 春季观花的两年生植物：夏末购买，以便在秋初种植。可从园艺中心、苗圃和当地花店购买。
- 夏季观花的花坛植物：春末或夏初购买，在所有霜冻风险过去后立即种植。可从园艺中心、苗圃和当地花店购买。
- 灌木和乔木：盆栽容器种植的植物一年四季都可以买到，在土壤和天气适宜的时候种植。然而，如果要在盆栽容器中种植，最好在春季或夏初进行种植。可从园艺中心、苗圃和当地花店购买。
- 微型和生长缓慢的针叶树：一年四季都可以以盆栽植物出售，但最好在春季或初夏购买并种植到盆栽容器中。

运输

把植物安全地带回家是成功打造盆栽园艺的初期阶段。以下是一些成功的要领。

- 确保你的车有足够的空间容纳你买的植物。
- 不要带小孩。
- 车里不要有狗。
- 不要在有坑洞或有减速带的路上快速行驶。
- 不要让植物暴露在风中。
- 不要让植物置于强烈的阳光下。

当你把植物运输回家或通过邮购送达时，对植物进行的处理取决于其类型。

- 春季观花的球根植物：拆开包装（不要混淆各品种），去掉所有塑料罩。将球茎放在阴暗、防虫害的橱柜或棚子里。
- 春季观花的两年生植物：这些

花盆的准备

准备好种植用的展示花盆与准备植物一样重要。如许多带有贝壳凹槽状装饰的窗槛花箱，朴素而实用的，或其他观赏性的花盆。注意需要在种植前进行处理，特别是要确保清洁。

吊篮

← 清洗和擦洗铁丝框架和塑料类型的吊篮，清除前一年留下的污垢和堆肥。如果有盛水盆或自动浇水装置，请确保其牢固且未被堵塞，检查支撑链和固定装置，如用于悬挂花篮的螺旋形挂钩。

窗槛花箱

← 擦洗和清洁内槽以及带有装饰的外壁。检查排水孔是否畅通，如果使用新的塑料内盒，则应拆除排水塞；检查壁挂支架是否牢固（若有松动风险，需要拧紧或更换）。千万不要冒险在夏天破坏它们，特别是如果展示品被固定在楼上的房间外墙上。

花槽

← 擦洗和清洁花槽。如果是再造石料制成的，不要使用洗涤剂；而是使用温水和软刷。如果花槽很大，而且在一个固定的位置，附近的植物可能已经侵占了它，则需要修剪或完全清除这些植物。

陶制花盆，缸和花桶

← 这些盆栽容器的形状和材料各不相同，从塑料和玻璃纤维到再造石料都有。检查它们的结构，以及它们最终将被摆放的位置；如果是再造石料制成的，并且用水泥固定在基座上，请检查它是否牢固。

木质花盆

这些盆栽容器有不同的形状，从花盆到凡尔赛花盆。无论它们的大小和形状如何，木头最终都会腐烂和散架，特别是如果使用未经干燥处理的劣质木材制成的花盆，有时拆除并清理掉是唯一的解决办法。通过修理可以延长使用寿命，但最好的预防措施是确保多余的水能从底座排出。另外，将花盆立在 3 ～ 4 块砖上，可以确保多余水量正常排出。

种植前的处理

植物通常以成束的裸根植物出售；有时根部被包裹起来。把它们成束（以避免混合品种）放在干净的水里，确保根部湿润。

- 夏季观花的花坛植物：留在盆栽容器中，并将它们放在室外的高凳上，以防止蛞蝓和蜗牛啃食它们；充分浇水，因为到晚上叶子可能会干枯。
- 灌木和乔木：如果它们是在盆栽容器中生长的，应将其放在室外坚实的地面上并多次浇水。
- 微型和生长缓慢的针叶树：这些植物总是以盆栽形式出售。将它们放在室外坚实的地面上，并多次浇水。

窗槛花箱

如何保持一年四季都色彩缤纷

窗槛花箱是创造全年缤纷色彩的理想选择。需要将三种不同时期的植物（春季、夏季和冬季）安置在三个单独的内盒里，通过在外面的窗槛花箱里轮流摆放，可以在每个季节创造出不同的颜色。有些窗槛花箱只种植了夏季的花卉，这并不具有挑战，也没有充分发挥窗槛花箱的魅力。

在夏季，在窗台上种植五颜六色的蔓生植物，如矮牵牛花，可以使原本沉闷的空间变得引人注目。

使用窗槛花箱的优势

窗槛花箱为露台以及前院的花园增添了许多设计元素。

- 通过三种独立的、具有代表性的展示方式，创造了缤纷的色彩。
- 虽然主要是从外部欣赏，但从室内和通过相关的窗户也可以看到这些展示。
- 芳香的花朵可以摆放在靠近窗户的地方，各种各样的香味就可以在室内弥散。
- 在使用双层窗槛花箱展示时，一个花箱要比另一个高出约 23cm，墙面上的色彩面积就会增加一倍。不过，记得检查低处的花箱是否方便浇水。
- 当窗槛花箱放置在窗户两侧时，与吊篮共同创造了和谐的画面。窗槛花箱和吊篮之间可以进行色彩对比和交融，既可相互适应，又可以与背景形成对比。

窗槛花箱的选择

选择一个与房屋相协调的窗槛花箱。正式的类型适合用于简约设计的现代房屋，而随意的类型则更适合于老房子。材料的选择范围广泛，包括木材、塑料、玻璃纤维、赤陶和再造石料，而设计的风格则可以选择朴素或华丽的。

木质窗槛花箱

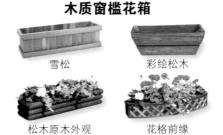

雪松　　　　　彩绘松木

松木原木外观　　花格前缘

其他类型的窗槛花箱

饰纹人造木　　赤陶　　塑性铅外观　　金属框架

白漆钢材　　再造石料　　塑料套件　　编制柳木

制作自己的窗槛花箱

木制窗槛花箱很容易在家里搭造。一个由 18mm 厚的木头制成、内部尺寸为 82cm 长、20cm 深和宽的花箱，足够大，且可以容纳一个内箱。

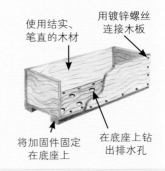

用镀锌螺丝连接木板

使用结实、笔直的木材

将加固件固定在底座上

在底座上钻出排水孔

窗槛花箱的使用哲学

- 秋季，种植春季展示的植物，并将其放置在室外有遮挡的地方。春季，移走冬季的花盆，将春季的花盆放在它的位置上。
- 夏初,用栽种了夏季花卉的花箱替换春季观花的展示。
- 夏末，移走夏季的展示，换上春初时从窗槛花箱中移走的冬季展示。

春季	夏季	冬季
秋季种植 主要由球根植物和春季观花的 耐寒两年生植物组成	**春末种植** 主要由夏季观花的 花坛植物组成	**夏末种植** 主要由耐寒的 观叶植物组成

窗槛花箱的安置

对于上下推拉窗，可将窗槛花箱直接放置在坚固的窗台上。

对于平开窗，可将窗槛花箱放在托架上，略低于窗台。

窗框之间的墙面空间也可使用窗槛花箱进行装饰，但要确保方便浇水。

窗槛花箱的种植策略

　　窗槛花箱中的植物可以直接种在堆肥中，也可以留在花盆中，然后再放入花箱（见下图），夏季的植物通常种植在内盒的土壤中。记住要检查水是否能通过底座上的排水孔正常排出。

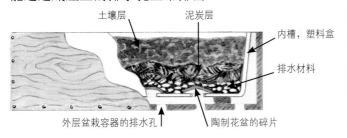

土壤层　　泥炭层

内槽，塑料盒

排水材料

外层盆栽容器的排水孔　　陶制花盆的碎片

优质的窗槛花箱植物

　　窗槛花箱植物的选择需要谨慎。除了避免那些容易遭受秋冬强风侵袭的植物外，它们还必须提供可靠的展示效果。

春季展示：
- 重瓣雏菊：见第 20 页
- 勿忘草：见第 20 页
- 高山淫羊藿：见第 20 页
- 桂竹香：见第 20 页
- 郁金香：见第 37 页
- 喇叭型水仙：见第 37 页

更多植物请见第 20 ~ 21 页。

夏季展示：
- 瀑布天竺葵：见第 15 页
- 蒲包花：见第 15 页
- 须根类秋海棠：见第 14 页
- 矮牵牛：见第 17 页
- 球根类秋海棠：见第 15 页
- 香雪球：见第 16 页

更多植物请见第 16 ~ 18 页

冬季展示：
- 小型、耐寒、常绿灌木：见第 30 ~ 31 页
- 生长缓慢的微型针叶树：见第 32 ~ 33 页

常绿蔓生常春藤植物：见第 21 页

更多植物请见第 23 页。

混合肥料

　　无论何种类型的混合肥料，都必须是干净的，没有病虫害的。

　　春季观花展示：使用排水良好的壤土为基的混合肥料。这给植物提供了坚实的基础，适合春季观花的球根植物、二年生植物，有时也适合一些小针叶植物和蔓生的常春藤（常青藤）。

　　夏季观花展示：泥炭基的混合肥料具有保持水分的能力，是需要支撑大量植物的窗槛花箱的理想选择。

　　冬季展示：使用排水良好的壤土为基的混合肥料，以达到长期展示，主要由微型慢生针叶树、蔓生常春藤和小型常绿灌木组成。

插入式花盆

　　一些盆栽（主要在冬季）可以带盆插入湿润的泥炭土壤栽种，而不需移除花盆。这种方法与取下花盆并将土球直接种植在堆肥中不同，它能使停止开花或被霜冻损坏的观花植物迅速被移除并替换。

吊篮

如何创造美丽的吊篮

栽种后，吊篮里会装满植物，这些植物会迅速生长，形成一个华丽的展示。这些植物的基本需求是保持湿润的土壤（整个夏天都保持湿润），以及定期施肥，以促进其强壮且健康地生长。因此，使用干净的土壤并细心种植是至关重要的。吊篮的种植方式在 53 页有详细介绍，并提供了选择合适土壤的建议。

创造美丽的吊篮展示效果

在吊篮中混搭种植观花和观叶植物，再让色彩与迷人的背景保持协调，使这些流行的夏季展示得到最佳展示效果。如果是自己播种，可能会有时间和空间的问题，可以在夏初时节从苗圃和园艺中心购买现成的吊篮。有时如果提前订购，比如在冬季中期，就可以选择特定的植物和颜色。为了将这些植物安全运送到家，可把大花篮置于一个广口碗状物的顶部以保持稳定。

使用吊篮为门口增色，但要确保它们不会被撞到。

装饰性的美丽编织花篮有一种精致且质朴的外观。

吊篮的选择指南

金属丝框吊篮的宽度从 25 到 45cm 不等。选择一个有塑料涂层的金属丝框，碗形塑料吊篮有坚实的外壁，有助于保持水分。此外，有些花篮的底座配置了盛水盘，非常适合在门廊和温室里展示。

金属丝制的圆底吊篮

铁艺风格的开放式吊篮

赤陶风格的装饰性吊篮

配有栽培袋和盛水盘的塑料吊篮

内置圆形塑料花盆的吊篮

展示位置

大多数吊篮都是悬挂在墙上的托架上，这样可以使吊篮自由悬挂，其边缘距离墙面 10 ～ 15cm。对于平房来说，将大钩子固定到封檐板或招牌是可行的（但要检查它们是否牢固）。

将花篮悬挂在墙上的托架上

将花篮挂在封檐板或招牌上

将花篮固定在头顶的框架上

牢固的硬件

安全的固定装置以及防锈的支撑链是必不可少的。当栽满植物且处于盛夏，以及刚浇过水时，花篮很重。此外，风会摇晃花篮，使脆弱的固定装置松动。不要把花篮挂在人行道上；多余的水会滴下来，如果托架或链条松动，就很可能造成灾难性的后果。

浇水和施肥技巧

- 在土壤中加入保湿添加剂（见下文）。
- 避免将花篮放在迎风处，这样会使土壤迅速干燥。
- 在花篮的底部放置一个碟子（种植时），作为一个小型储水空间。
- 如果土壤变得非常干燥，取下花篮，将土壤浸泡在水中，直到气泡停止上升。然后，在把它放回原位之前，将水排出。
- 在种植的同时，向土壤中添加缓效化肥。
- 定期施肥非常重要（首先要确保土壤湿润）。切勿在土壤干燥时施用化肥。

土壤

- 可以使用特定的吊篮土壤，其中一些含有有助于保持水分的添加剂。
- 以泥炭为基础的土壤比以壤土为基础的土壤更适合用于吊篮，但如果让它们变得干燥，则更难恢复湿润。
- 泥炭土和壤土各占一半的混合物是一个很好的平衡方式；泥炭土可以保持水分，而壤土则可以在较长时间内提供养分。

保湿

作为土壤保湿的辅助手段，可以添加珍珠岩和蛭石。早期使用的是切碎的软木，专门的花篮衬垫（在栽种植物前放好）也有助于保持水分。

花篮的制作

为了制作一个有创意和吸引力的花篮，可以用23cm长、36mm宽、25mm厚的木片制成格子状的花蓝，在两端钻孔，然后用螺栓连接起来，如图。在完成的花篮里铺上石炭藓以便填充土壤。

石炭藓还是塑料

石炭藓是一种适合传统的金属丝吊篮的内充材料。它能保持土壤中的水分，防止土壤掉落；它也非常迷人；石炭藓很难获得，因此吊篮通常用黑色的塑料作为衬垫。

吊篮的种植

用于吊篮的植物很容易受霜冻的影响。因此，如果在所有霜冻风险过去之前就开始种植，要确保有地方可以放置吊篮，如防霜冻的温室。如果放在室外，可以在植物和支撑链之间铺上几张报纸，为植物提供轻微保护。

1 在水桶的顶部放置一个金属丝框的花篮，并在其上面铺上黑色塑料，将其塑造成花篮的形状，并在边缘以上5cm处剪掉多余的塑料;种植完成后，需要进行修剪。

2 在花篮底部放一把潮湿的泥炭，然后加入土壤，深度约为花篮的一半；轻轻地夯实土壤，但注意不要将手指穿过塑料布。

3 用一把锋利的刀在塑料布上划出5cm长的缝隙，与土壤表面持平，间隔约10cm；将蔓生植物的根部推入每个洞中，用土壤覆盖并压实。

4 加入更多的土壤，在中心种植一棵主要的、层叠的植物，其根球的顶部低于花篮边缘约2.5cm；在它周围和边缘种上蔓生植物；夯实土壤。

5 种植完成后，在表面添加一层薄薄的泥炭藓（如果有的话）。这样可以保存水分，并创造一个美观的表面；将花篮留在桶里，轻轻地、彻底地浇灌土壤。

种植后的检查

- 在将花篮放在展示位置之前，检查其是否有病虫害。如果发现蚜虫等害虫，要进行喷洒（如果忽视而没有喷洒药物，它们将很快繁殖和蔓延）。
- 如果你认为你无法定期关注虫害防治，可以在土壤中插入几支杀虫针剂。植物会吸收这些化学品，从而杀死来吸食和咀嚼叶片的害虫。
- 如果无法进行定期施肥，可以在土壤中插入缓慢释放的肥料棒。

前厅和门廊的花篮

门廊里的植物是否足够耐寒

在门廊和前厅内，只有相对耐寒的家庭植物才有可能在吊篮中成功存活，不过这在很大程度上取决于该区域是向外界开放还是由外门封闭在内。不过，许多室内植物通常可以在这里种植，第 42 ~ 43 页介绍了这些植物。盛水盘是室内吊篮的重要组成部分，植物可以种植在土壤中，也可以摆放在平底的花篮里（见 55 页）。

前厅和门廊的展示

选择在前厅和门廊摆放吊篮的位置取决于它们的大小，特别是宽度。

- 在可能的情况下，将吊篮放在远离门的地方，因为门会将冷空气吹向植物。然而，观叶植物比大多数观花植物更耐寒，如果有必要，可以放在更开放和凉爽的地方。
- 将几种不同的植物放在同一个花篮中，可以延长展示时间，第 43 页介绍了几种混搭植物。
- 狭窄的前厅和门廊通常可以摆放固定在墙上的小型花篮，而不是悬挂在托架上的花篮。第 42 ~ 43 页介绍了许多合适的植物。

正确的展示

种植室外吊篮时，大多数植物都很小型，也许是从"条状"植物中分株而来的，或者是单独购买的，但没有美观的花盆。相反，用于前厅和门廊的吊篮中的植物总是在花盆中种植。因此，在进行设计和将植物转移到花篮中之前，更容易规划详细的展示。

在纸上画一个与花篮大小和形状相同的圆。

- 在圆圈中心放置一种主导植物，并在其周围点缀其他植物，位置不一，直至形成美观的展示。
- 这是一种可以将现有植物的优势发挥到极致的理想方式。
- 设计完成后，将它们转移到吊篮中。

吊篮为门廊增添了色彩和活力，但要确保它们不能被撞到或妨碍门的打开和关闭。

不要打湿地板

配置的盛水盘是用于前厅和门廊的吊篮的重要组成部分，市场上有多种优秀的设计。

门廊和前厅的选择

门廊和前厅为植物提供了漂亮的家，吊篮中有配套的盛水盘（见第 52 页）。这些区域通常没有暖气，且门廊通常比前厅更暴露向外界，因此温度更冷。

在门廊里　　　　　　**在前厅里**

↗ 夏季，室外吊篮植物和耐寒的室内植物都可以放置，但冬季耐寒的观叶植物更擅长在低温下生存。

↗ 混搭观花和迷人观叶的室内植物是前厅的理想选择，特别是在夏季。在冬季，要重点突出那些盛开着美丽枝叶的植物。

种植的选择

在门廊或前厅种植吊篮时有两种选择：一是直接种植在土壤中，另外是将植物保留在花盆中。采用这两种方法时，都要在种植前一天给植物浇透水。下面是这两种方法的处理细节。

种植到土壤中的步骤

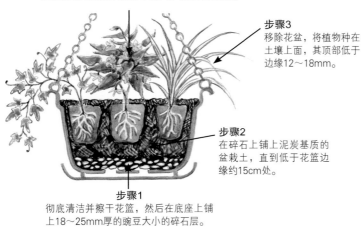

步骤4
在植物之间填充并扶实土壤，并略微覆盖它们。

步骤3
移除花盆，将植物种在土壤上面，其顶部低于边缘12～18mm。

步骤2
在碎石上铺上泥炭基质的盆栽土，直到低于花篮边缘约15cm处。

步骤1
彻底清洁并擦干花篮，然后在底座上铺上18～25mm厚的豌豆大小的碎石层。

保留花盆的步骤

步骤3
检查植物的位置，如先前设计的那样（见下图），并在花盆之间填充潮湿的泥炭。

步骤4
不要在顶部覆盖堆肥。植物是单独浇水的，因此必须能看到土壤。

步骤2
将花盆和植物放在适当位置，确保花盆的顶部低于边缘约2.5cm。

步骤1
选择一个塑料、平底的室内吊篮，在底座上铺上一层2.5cm厚的豌豆大小的碎石。

浇水与施肥

与所有其他盆栽容器中的植物一样，吊篮中的植物需要定期浇水，特别是在夏季。

- 在吊篮中，植物保留花盆，有必要逐一检查每株植物，查看土壤是否变得干燥。记住，小型花盆中的大型植物比大型花盆中的小型植物需要更频繁地浇水，同时确保没有给植物浇过多的水。
- 如果花盆已被移走，植物生长在同一土壤中，要保持土壤均匀湿润，但不要过于湿润。

土壤

- 种植时：如果花盆被移走，以便将植物种植在土壤中，可使用泥炭土类型。为了帮助保持水分，在土壤中加入一些粘土颗粒。
- 保留花盆：当每株植物保留在花盆中时，使用湿润的泥炭在花盆周围和花盆之间进行填充，以保持土壤湿润和凉爽，特别是当它们被悬挂在温暖的环境中时。

硬件设施

使用坚固的硬件。有时，可以将杯状钩子拧到门廊和前厅天花板的梁柱上。要注意，特别是在狭窄的地方，固定在墙上的托架不能伤到眼睛。第52页展示了一系列的硬件。有塑料涂层和华丽的金属类型可供选择。

重点展示

在宽大的前厅中，可以通过使用成群的植物来为偏僻的角落增色（有些植物摆放在地板上，有些则放在吊篮里，采用各种植物的组合，如多色斑斓的观叶类型和其他观花植物。此外，可以使用聚光灯突出特色，使其成为一个焦点。

植物的更换

如果植物留在花盆中，当它们不再美观时，可以将其更换。这样做时要注意不要损坏邻近的植物；在将新的植物放到位置上之前，先给土壤浇水，且让多余的水分排出。

植物的美化

最终，集体种植在同一土壤中的吊篮需要进行修整，尤其是当生命力旺盛的植物占据了它们周围的位置时。有时候，可以修剪掉嫩芽和树枝，但通常最好是重新种植。一些植物可以重复利用，而另一些则需要替换。

墙篮和独立式花篮

花篮是一个好的选择

墙篮和独立式花篮越来越受欢迎，并且有多种尺寸和材料可供选择。独立式花篮的宽度为 30 ～ 72cm，可增加约 10cm；金属丝制的墙篮的宽度为 23 ～ 50cm；塑料和赤陶的类型通常更具装饰性，宽度为 15 ～ 25cm。这些花篮是放置在小而窄的入口处的理想选择。

在墙面覆盖物（如木瓦板）无法打孔的地方，可以将华丽的金属丝制的墙篮悬挂在坚固的墙上。需要确保所有组件都牢固连接。

沉闷的墙壁可以通过固定墙壁花篮赋予其活力和视觉吸引力。整个夏天，它们都将变得色彩缤纷。

墙面的装饰

墙篮可以用来创造华丽的展示。它们主要被放置在腰部的高度，可以在许多不同的地方进行展示。

- 宽大的独立式花篮可以用在窗下，而不是窗框。由于其质朴的外观，它们与古老的建筑相得益彰。
- 在窗户之间摆放小型墙篮，也许还可以与窗框或窗下的独立式花篮结合使用。
- 小型墙篮非常适合放置在门两侧的墙壁上。
- 沿着墙壁放置在齐腰高的地方，它们可以为原本平淡无奇的区域增色不少。
- 当沿着排屋的正面摆放时，它们是最出色的，因为那里铺砌过的路面与住宅相邻。与落地式的花盆（如花桶和花槽）不同，它们的下方区域能够毫不费力地被进行冲洗和清洁。
- 塑料和赤陶墙篮是阳台墙壁的理想选择，但要注意不要在墙上留下水渍。

墙篮的选择

简易铁丝墙篮

锻铁风格墙篮

铝制防锈墙篮

装饰铁丝墙篮

转角墙篮

微型墙篮

独立式花篮的选择

简易铁丝花篮

装饰性铁丝花篮

微型铁丝花篮

墙篮的种植

种植墙篮时，要确保多余的水不会从盆栽容器的背面流出并沿着墙壁滴落。

1 将墙篮固定好，标出固定孔的位置。钻孔，插入墙锚，将盆栽容器拧到墙上。

2 在里面铺上坚固的黑色塑料（或两层垃圾袋），确保背面被覆盖，以防止水滴落在墙面上并弄脏它。

3 在花篮里填上大约一半的土壤，然后用尖刀在塑料上刺洞，但只在前面。

4 从后面开始种植，放入一些茂盛的植物，以增加展示的高度。在它们周围和顶部夯实土壤。

5 添加更多植物，蔓生类型位于前缘；添加并夯实土壤，直到边缘下方 18mm 处；轻轻地浇灌植物。

适合花篮的植物

许多植物都可以种植在这些类型的盆栽容器中，用于春季和夏季观花的展示。以下有几条线索可以带领你获得成功。

春季展示：

- 当使用郁金香时，选择短茎类型的品种，它们不会受到冬末和春季狂风的威胁。
- 葡萄风信子更耐狂风，春季展示中经常使用的杂色的小叶洋常春藤也是如此。

夏季展示：

- 始终确保土壤被叶子和花朵覆盖；花篮中裸露的土壤总是不够美观的。
- 最好是使用圆顶形和生长茂密的植物，利用蔓生植物遮盖盆栽容器边缘。
- 吊篮是在肩高或头高的区域进行欣赏的，与吊篮不同的是，墙篮是在腰部水平，适合从上面欣赏的。因此，可选择明亮的、朝上生长的花卉。

浇水和施肥

- 整个夏季，定期浇水和施肥是必不可少的。但在浇水时，注意不要站得太近，因为水可能会从盆栽容器前面的排水缝隙中滴落。
- 在冬季，需要减少浇水。然而，在冬末春初，要定期检查土壤是否微微湿润。

土壤

- 在墙篮中使用泥炭土，特别是在夏季展示时；但对于在秋初种植的春季展示，最好使用排水良好的壤土基底。
- 在大型花槽中，用等量的壤土和泥炭土混合，会呈现出很好的效果，特别是如果土壤在盆栽容器中放置几年。
- 对于小型墙篮，可在土壤中加入保湿材料。

后期养护

- 春末，在所有植物停止开花后，将它们移除，清理二年生植物，但球根植物可以种植在其他植物周围，如混合花坛的灌木中。
- 在夏末秋初，移除夏季观花植物；进一步添加土壤（根据需要）或完全翻新花篮，并种植春季观花植物。

组合展示

第 10 ～ 11 页介绍了在颜色协调和对比强烈的墙壁上使用彩色的主题花篮的情况。以下有几个植物组合可以考虑，用于春季和夏季展示。

春季展示

← 这些植物不一定都是稀有昂贵的植物。这是一个明亮的三色紫罗兰、杂色小叶洋常春藤和杂色紫花野芝麻组合，其中绿色叶子露出中央的银色条纹。

夏季展示

← 为了实现戏剧性的双株展示，可以使用红色马鞭草为主导植物，再加上杂色小叶洋常春藤，这在白色背景下效果最好，尽管它在红砖墙上也很美丽。

石制、釉面和凝灰岩水槽

旧的、浅的、石制水槽是种植高山和小型岩石花园植物的理想盆栽容器。较深的釉面水槽也可以使用，可以通过改造，赋予它们古老、质朴的外观别样的韵味。由再生石料制成的水槽有一个自然的外观，虽然有些水槽是一个传统的形状，有些则是四分之一圆的形状。

改造深色釉面水槽

小型花境植物和烹饪草本植物也可在石槽内种植。

用肥皂和水清洗水槽，并将其立在四块边缘稍微向内放置的砖块上。

- 用一把旧凿子在外侧和内侧边缘的 7.5cm 处进行打磨。清洗并干燥表面。
- 用 PVA 粘合胶涂抹划痕的表面。
- 将 1 份粗沙、1 份水泥和 2 份细泥炭混合（所有部分按体积配比）；加水，并搅拌成黏稠的糊状；在 PVA 胶水变硬之前，戴上手套，用这种混合物涂抹所有划痕的表面；将它紧紧地压在边上。
- 将水槽放在干燥、凉爽、防冻的棚子里几周。

石制水槽的准备

处理石制水槽时一定要小心，它们看起来很结实，但如果在一侧笨拙地扭转并敲打，很快就会开裂。用肥皂水清洗水槽的内部和外部，并用清水彻底冲洗。在需要种植之前，将其立在砖块上。

> **另一种可以改造的盆栽容器**
>
> 使用过的玻璃纤维浴房底座，通常约为 72cm 见方，15cm 深，可以用与深色釉面水槽相同的方法进行涂抹。不过，由于外壳缺乏刚性，需要在改造前将其放在最终固定位置。

石制水槽的种植方案

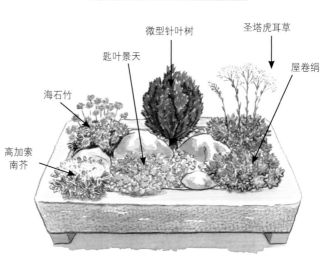

种植方案

匙叶风铃草
露薇花
狐地黄
布氏长阶花
岩风铃小草种
蝶须

在整个春季和夏季，这种展示使水槽呈现出各种各样的颜色。

种植方案

微型针叶树
圣塔虎耳草
匙叶景天
屋卷绢
海石竹
高加索南芥

微型针叶树的加入，为这个有吸引力的种植方案带来了时尚和色彩。

石制水槽的种植

在四块结实的砖上放置一个干净的石制水槽，并有一个可视的斜面来安置排水孔。选择一个温暖的、有遮挡的、光线良好的、远离过度垂落的落叶乔木的位置是至关重要的；植物顶部的落叶会加速腐烂。

1 将一片铁丝网揉成一团，牢固地压入排水孔内。然后，在顶部放上一大块花盆碎片，防止泥土堵塞洞口。

2 在底座上覆盖一层 2.5cm 厚的豌豆大小的碎石。然后，在碎石上铺上 36 ～ 50mm 厚的颗粒泥炭。

3 在一张大纸上，标出水槽的形状；把它放在地上，把要种植的植物以美观的方式铺到水槽中。

4 在边缘 2.5cm 以内用土壤填满并夯实；用小铲子进行种植；再次夯实土壤，在上面铺上石屑。

水槽花园的土壤

排水良好、以壤土为基础的土壤加上特粗的沙子和泥炭，适用于水槽花园中的大多数植物。对于不喜石灰的植物，可省去土壤中的白垩，或者为喜欢酸性的植物购买一种特殊的专有混合物。

浇水和施肥的技巧

- 从春季中期至秋季，定期给土壤浇水，注意不要将水过度泼洒在柔软的多毛叶片上；不要搅乱下层豌豆大小的碎石，因为这有助于在夏季保持土壤凉爽和湿润，并防止大雨将土壤溅到植物上。

- 通常不需要施肥，因为过于茂盛和猖獗的植物在水槽中并不美观。然而，在水槽中生长了几年的植物受益于低氮的环境，需要在春季施用低氮的颗粒状肥料，并在仲夏时节再施一次；不要将肥料施在叶片上。

如何制作凝灰岩水槽

凝灰岩水槽是一个新奇的观赏点，制作起来并不困难。它有一个自然的，凝灰岩般的外观，是高山植物的理想选择。

1. 制作方法是用裸露、坚固、平整、略带黏土的土壤作为模具，用绳子标出一个 60cm 长、40cm 宽的矩形。
2. 用建筑工人的泥刀，小心地将土壤从该区域清除到约 5cm 深，使两侧保持方形和完整。
3. 在原来的矩形周围划出一个 7.5cm 宽的区域，用泥刀将其挖到 18cm 深。这样就形成了侧面的模具。
4. 小心地将两根木钉（约 2.5cm 厚）敲入底座。随后，这些将成为排水孔。
5. 准备好超细砂浆：按份数将 1 份水泥、1 份粗沙和 4 份干净、适度干燥的颗粒状泥炭混合；加水形成坚硬但柔韧的糊状物。
6. 用混合物填充并加固侧面以及顶部 2.5cm 深的部分。
7. 在顶部放置镀锌网，然后再放 2.5cm 的混合物，用建筑用的泥刀或浮子抹平；用保护罩覆盖水槽，让它至少凝固几周。
8. 小心地把水槽挖出来，取出木桩，洗净，并把它放在展示的位置；将水槽固定在坚固的砖块上（见右上方）。

↗ 凝灰岩水槽有一个漂亮随意的田园风格的外观。

↗ 将水槽立在坚固的砖块上，使植物更容易看到，但不要堵塞排水孔。

↗ 在施工过程中（见左侧步骤4,），将两根木钉敲入底座，以形成排水孔。

花槽和种植槽

什么是花槽

种植槽和花槽是多功能的盆栽容器，从简单而有效的塑料花盆到大型华丽的再造石料花盆，还有一些是由木材、赤陶或玻璃纤维制成的。它们的尺寸也各不相同，50cm 长的槽，可以放在阳台的墙壁和地板上，为短生植物创造家园；大型和显眼类型的花盆，为更多的多年生植物提供生长场所，包括小型灌木。

花槽和种植槽的选择

带格子花架的木质花槽

装饰华丽的椭圆形种植槽

再造石料花槽

哥特风树脂种植槽

花槽的实用性要求是排水良好，为植物创造一个安全的基地，并有足够的土壤为植物提供养分和水分。此外，还有审美因素，例如确保槽与它在花园中的位置协调。有许多不同的设计，既有简约的，也有华丽的。

夏季观花植物的种植

春末夏初，霜冻的风险一过，就可以种植夏季观花的植物了。在排水孔上放置碎陶片，然后铺上一层豌豆大小的碎石；加入土壤，并将植物种植在适当位置；夯实土壤，轻轻地但彻底地浇灌土壤。

保湿性土壤

排水良好的基底

桌腿边的花槽

除了在露台或阳台两侧放置花槽外，将花槽抬起来放在桌腿边上也非常美观。有以下一些想法可以尝试。

- 华丽的锻铁设计可从园艺中心中获得，通常将花槽放在大约 60cm 高的地方。因为支撑框架很有吸引力，所以花槽可以很朴素，这样就不会争夺注意力。
- 质朴的木制花槽可以放在粗壮的木桌腿边上，同样具有随意的形状。
- 再造石料花槽与其类似材料的华丽基座相得益彰，要确保它们是承重的，并且在装满植物和湿润的土壤时能够支撑住花槽。

花槽的土壤

- 夏季观花植物展示：泥炭土是理想的土壤。它们提供了一种保湿介质和一些肥料。然而，您需要在整个夏季给植物施肥。
- 春季展示：为球根和春季观花的两年生植物使用壤土基土壤。
- 多年生植物展示：使用排水良好的壤土来种植长期花卉，在混合物中加入额外的粗沙。

花槽的运用

花槽用途广泛，可在花园中不同的位置使用，也可用于阳台。但是，无论放在哪里，都要确保水能从槽中自由排出，但又不至于给人们带来不便。以下有几点创意可供参考。

➚ 照亮周围接近墙壁的较为昏暗的地板区域。

➚ 在阳台的边缘，让植物蔓生穿过栅栏。

➚ 用一个固定在墙上的花槽使无趣的院墙变得生动起来。

加高花园床

加高花园床是花园中的永久性设施,通常由砖块建造,但偶尔也用坚固的木板。它们通常是露台或台阶的一个组成部分,有时会有内置座椅和放松的位置作为其设计的一部分。加高花园床使植物能够全年得到展示,特别适用于当土壤不适合您想要种植的植物时(土壤过于白垩化或过于酸性,或者排水不良)。

什么是加高花园床

加高花园床的选择

再造石料砖块　　　质朴的滚木　　　带盖砖床　　　矮砖墙

加高花园床的结构必须牢固,并与花园的性质相协调。滚木和再造石料散发着随意的气息,而砖砌的花坛则有正式的外观;排水良好的土壤是必不可少的,清洁、无杂草的表土和粗沙的混合物是合适的;确保加高花园床土壤中的水可以很容易地排出,土壤中的积水最终会导致加高花园床的侧面坍塌。

地中海风格的加高花园床,其中彩色的砾石增添了额外的趣味。

L形加高花园床

➜ 高大的加高花园床非常适合坐轮椅或不能轻易弯腰的种植者。确保砖砌墙体的安全,砖块很好地粘合在一起;在两侧留出一些渗水孔,以便土壤中的水自由排出。

沿着墙顶的封盖是必不可少的,以确保雨水不会渗入砖块和垂直的结合处,破坏结构的强度。

建造一个L形的加高花园床比建造一个狭长形的花园床更具特色。

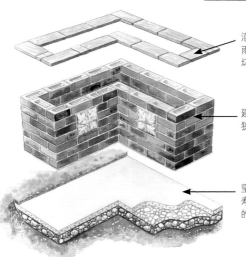

坚固的地基对于确保加高花园床的使用寿命至关重要,对于每一面墙来说,宽的地基比窄的地基要好。

石制加高花园床

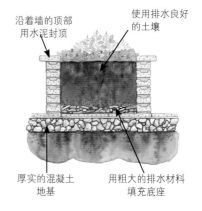

沿着墙的顶部用水泥封顶

使用排水良好的土壤

厚实的混凝土地基

用粗大的排水材料填充底座

永久性加高花园床非常适合在现有的具有坚固厚实地基的露台中建造。这种花坛可以用砖、再造石料或混凝土块建造,并可完全按照你喜欢的风格进行设计。

为了便于施工,正方形或长方形总是最好的选择,而且应该建到不超过 75cm 的高度。记得在砖砌的低处位置留出小的渗水孔,使任何多余的水能够自由排出。

陶制花盆、花桶和花缸

陶制花盆、花桶和花缸是露台和台阶上最受欢迎的盆栽容器，因为它们可以组合起来，创造出适合该地区形状和背景的各种展示，在台阶的顶部或底部摆放几个主要的花缸，也可以起到引人注目的作用。如果种植浅色叶子或鲜艳的花朵，它们有助于在夏末的夜晚界定台阶的边缘，草本植物盆栽是住宅和非正式花园的理想展示。

在花盆中种植灌木

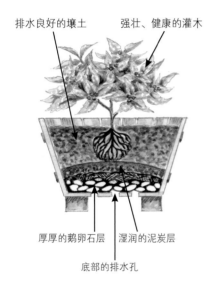

排水良好的壤土　　强壮、健康的灌木

厚厚的鹅卵石层　　湿润的泥炭层

底部的排水孔

灌木和小型乔木是花盆中长期生长的植物，因此需要细心栽种。

1 选择一个大而结实的盆，在其底部钻出排水孔；将盆立在三块结实的砖上。

2 在底座上铺一层大鹅卵石，确保排水孔不被堵塞；加入 5cm 的湿润泥炭层。

3 加入以壤土为基础的土壤，并将其夯实，形成一个小土堆。

4 从灌木上取下盆栽容器（前一天浇过水），将其放在土堆上；土球的顶部应低于盆栽容器边缘约36mm。

5 进一步添加土壤，并使其在土球周围固定；盆栽完成后，土壤应低于盆沿 2.5cm。

6 轻轻地但彻底地浇灌土壤，使水分渗入根部周围。

陶制花盆、花桶和花缸的选择

↘ 迷人的盆栽容器范围非常广泛。

大型塑料盆　　　"长汤姆斯"式赤陶制花桶　　喇叭形赤陶制花桶　　彩釉盆

釉面陶瓷盆　　　釉面陶瓷桶　　　石制外观盆　　　赤陶制花盆

草莓或草本植物种植壶　　半桶　　　装饰性的铅质盆

大型手工赤陶制花盆　　　维多利亚式基座建筑"花瓶"

壁挂式花盆　　三盆壁挂托架　　独立壁挂托架　　装饰壶　　现代铝制花盆

草本植物种植槽的种植

在顶部以及两侧种植草本植物

厚厚的鹅卵石层

壤土基底

装满鹅卵石的金属丝网管

草本植物可在花盆里生长几年，直到它们超过盆栽容器的范围。

1 将干净的花盆放在其展示位置，并立在三块砖上，以便排水孔不被堵塞。

2 在底座上铺上一层大卵石；然后，卷起一片金属丝网，形成一个 7.5cm 宽的管子；把它立在花盆的中心，底部放在卵石上，用卵石填满它；在花盆的底部填上以壤土为基础的土壤，与最低种植孔持平。

3 将草本植物的根部穿过孔口，推到土壤上；在它们周围添加土壤并夯实；然后继续添加土壤；依次在每个孔中种一株植物，并在其根部周围夯实土壤。

黄水仙的单层种植

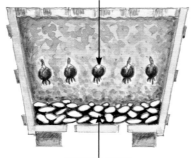

将球根种植在间隔约36mm处

厚层粗排水材料

硕大的、金色的喇叭型黄水仙在春天创造了华丽的展示。为了达到这个目的，需要在秋初种植其鳞茎。

1 彻底清洁一个大花盆，检查排水孔是否被堵塞；将盆立在 3～4 块砖上，放在展示位置。

2 在底座上铺一层 5cm 的粗排水材料，然后再铺上坚实的壤土，直至盆顶下方 20cm 处。

3 将健康的球根种在土壤上，植株间隔约 36mm；然后，在不影响球根的情况下，进一步添加土壤，直到低于盆沿 2.5cm 处；轻轻地、彻底地浇灌土壤。

黄水仙的双层种植

当黄水仙的鳞茎分两层种植时，会创造一个更加引人注目和丰富多彩的展示。

1 按照单层种植的方法准备一个花盆（见左图）。

2 在花盆顶部以下 20cm 处添加土壤并夯实；将球根隔开，间隔约 7.5cm，种在土壤上。

3 在球根上面撒入土壤并夯实，使其刚好低于球根颈部；然后，在它们之间再放一排球根。

4 继续添加土壤并夯实至顶部 2.5cm 以内；轻轻地但彻底地浇灌土壤。

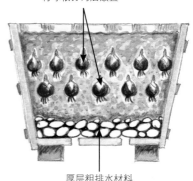

将球根分两层放置

厚层粗排水材料

如何制作一个木质种植槽

↘→ 一个低矮的木质种植槽制作简单，如果有二手木材，将会更加便宜。不要让它超过 30～38cm 高，因为它将失去刚性。其实，一个坚固的底座对于给它提供结构上的支持和长久的使用寿命是必不可少的。

步骤 1
切割结实的木板来形成一个底座；将木板用螺丝钉固定在侧边和末端木材的框架上，这样可以增加底座的刚度，并为侧面木板形成支撑。

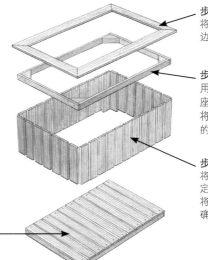

步骤 4
将木质框架固定到上边缘以形成盖子。

步骤 3
用木头搭建一个与底座大小相同的框架，将其钉在或拧在侧板的顶部。

步骤 2
将侧边的木板切成一定长度，然后用钉子将其固定在底座上，确保它们紧密贴合。

水景盆栽

打造微型水景花园

露台中很少有在花盆和深层石槽中设计的微型水景花园展示。有时也使用金属桶，但金属桶在夏天水温波动明显，到了秋天温度降低；木质花盆是最好的盆栽容器，水的温度更稳定。同时准备好在秋天把鱼转移，还要有一个小喷泉以保持水的流动，减少蚊子滋生的可能性。

花盆的使用

选择一个又深又大的干净花盆，并将其放在展示位置。在花盆里装满水，检查是否有漏水现象；如果它不防水，用黑色塑料衬垫铺在内部（与顶部齐平），注入清洁水；在春末或夏初放入水草，将它们种植在独立的塑料网状盆栽容器中；对于睡莲，将盆立在几块砖上，使莲叶浮起。随着植物的生长，逐渐移除砖块，定期检查水位是否达到边缘。在夏季，水分很快就会蒸发，水位下降。

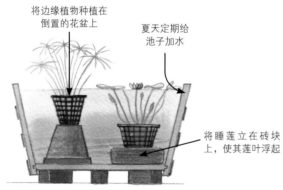

将边缘植物种植在倒置的花盆上

夏天定期给池子加水

将睡莲立在砖块上，使其莲叶浮起

➦ 通过半个酒桶就可以很容易地改造微型水景在露台中的展示效果，但它们必须是防水的。

石制水槽的使用

石制水槽中的水景能够快速吸引人们的注意，但由于盆栽容器较浅，只有小型睡莲和其他植物才实用（见右侧）。此外，由于石槽中的水温会在外界降温时急剧下降（尽管比金属盆栽容器中的温度变化平缓），通常有必要在秋季将所有的鱼（如果有的话）和植物转移，并将它们放在一个凉爽的温室中，剧烈的温度波动会使鱼类感到不安。

更多盆栽容器的创意

石制水槽或花槽可创造极好的水景

混凝土花盆是展示水生植物的理想之地

镀锌的金属盆栽容器具有鲜明的特色

小型盆栽容器中的枝叶展示

小型盆栽容器（金属或赤陶材料）可用于夏季展示微型水生植物。如果盆栽小，就只放一种植物，而不是一系列的植物。秋天，将植物和盆栽移到温室里，在那里它们可以免受霜冻。

小型盆栽容器中的水不足以养鱼，但它们是创造水生植物展示的理想选择。

花盆

谨慎选择花盆，只使用有金属箍和异形木条的正品半桶（而不是糟糕的劣质仿制品）。

寻找带有铁箍的橡木制半桶。在铁箍下面打上螺丝，把它们固定好；将花盆浸泡在水中，直到木材在铁箍内膨胀，使花盆不再漏水。

橡木板：排成一定角度，以便更好地贴合。

铁箍：用螺丝固定以防止滑落。

水生植物的土壤

水生植物的最佳土壤是重壤土，并撒上骨粉以促进根部快速生长，确保壤土中没有腐烂的碎片，如老根。种植后，在盆栽容器顶部添加一层干净的豌豆大小的碎石，以防止土壤被搅乱，使水混浊。

花盆和水槽中的水景花园植物

在花盆、半桶和水槽等小型盆栽容器中成功种植睡莲和其他水生植物的关键是，只选择那些可能在有限空间内生长良好的植物。下面介绍的睡莲品种可以是矮生的或是微型品种，它们可以在 25cm 深的水中生长。一旦任何一种水生植物开始占领盆栽容器，就将它转移出来，将其取出并换上比例更大的较小型的植物。

微型睡莲

红蕾克睡莲
Nymphaea "Laydekeri Lilacea"

"保尔·哈利特" 睡莲
Nymphaea "Paul Hariot"

"苏族人" 睡莲
Nymphaea "Sioux"

海尔芙拉黄睡莲
Nymphaea "Pygmaea Helvola"

水生植物

金叶丛生苔草
Carex elata "Aurea"

花叶水葱
Schoenoplectus lacustris
tabernaemontani "Zebrinus"

斑叶燕子花
Iris laevigata "Variegata"

小香蒲
Typha minima

如何建造一个水循环的特色水缸

你需要一个塑料底盘作为蓄水池，一个陶瓷盆或缸（形状和大小适合），一个小泵，大约 3m 的输水管，一张金属丝网和一桶卵石。

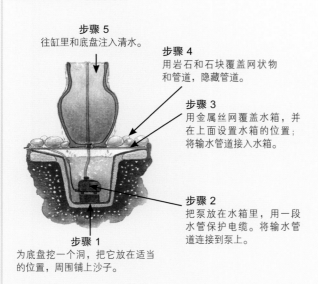

步骤 5
往缸里和底盘注入清水。

步骤 4
用岩石和石块覆盖网状物和管道，隐藏管道。

步骤 3
用金属丝网覆盖水箱，并在上面设置水箱的位置；将输水管道接入水箱。

步骤 2
把泵放在水箱里，用一段水管保护电缆。将输水管道连接到泵上。

步骤 1
为底盘挖一个洞，把它放在适当的位置，周围铺上沙子。

如何建造壁挂式水龙头

如果你的露台一侧有砖墙，则可以安装壁挂式水龙头。使用现成的水槽或水箱，或者建造一个与墙面相匹配的砖砌蓄水池；如果不愿意在墙上打洞，可以将铜水管安装在墙面上，并用树叶遮挡。

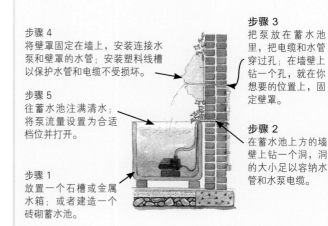

步骤 4
将壁罩固定在墙上，安装连接水泵和壁罩的水管；安装塑料线槽以保护水管和电缆不受损坏。

步骤 5
往蓄水池注满清水；将泵流量设置为合适档位并打开。

步骤 3
把泵放在蓄水池里，把电缆和水管穿过孔；在墙壁上钻一个孔，就在你想要的位置上，固定壁罩。

步骤 2
在蓄水池上方的墙壁上钻一个洞，洞的大小足以容纳水管和水泵电缆。

步骤 1
放置一个石槽或金属水箱；或者建造一个砖砌蓄水池。

露台中的栽培袋

如何使用栽培袋

栽培袋是多用途的功能性盆栽容器，可以即刻为观花植物和食用植物创造临时的家园。然而，相对较浅的土壤深度只适合那些纤维状或短根系的植物。不过，可供许多植物使用，也可摆放在各个地方，包括在厨房门口附近种植烹饪用的草本植物，在平坦的屋顶上种植蔓生花卉，在庭院里种植西红柿。

节俭的园艺

栽培袋不是一次性使用的盆栽容器。除了在一个季节为多种多样的植物（从蔬菜和草本植物到观花植物）提供种植场所外，它们还可以在次年重复利用。即使在当季之后，也可以将土壤取出，撒在花坛和边界上，以改善土壤质量。

栽培袋的种植

栽培袋中的土壤在园艺中心储存时，会被压缩。因此，在使用栽培袋之前，需要进行充分的准备（见第 45 页）。此外，将栽培袋放在木制托盘上，可以在种植时方便移动，同时也使蛞蝓和蜗牛更难接近植物。

→ 在露台中，需要为西红柿提供支撑

→ 通过将袋子抬离地面来降低遭到蛞蝓破坏的风险

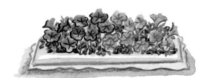

→ 许多观花植物是栽培袋的理想选择

栽培袋中的西红柿种植

在一个标准的栽培袋中可种植三种单干形植物（单一、直立的茎），支架是必不可少的（有专门的金属框架，但也可以用竹杖和金属丝自制）。在温室中，可以将竹杖直接推入栽培袋和土壤中，竹杖的顶端可以绑在一个由竹杖和铁丝组成的支架上，以这种方式将藤条全部推入栽培袋中，确保任何多余的水分都能够排出。

关于在栽培袋中种植其他蔬菜，见第 44 ～ 45 页。关于在栽培袋中种植马铃薯的详细情况，见右侧。

栽培袋中的马铃薯种植

马铃薯可以在特殊的马铃薯种植盆栽容器以及大花盆中种植（见第 44 ～ 45 页），但也可以在露台的栽培袋中轻松种植。按照以下的说明进行。

- 初春至春季中期，准备一个栽培袋；彻底摇晃袋子，使堆肥松动；将袋子放在露台或托盘上；剪出 8 个 7.5 ～ 10cm 长，均匀排列的狭缝，注意不要剪下任何塑料；如果土壤干燥，可通过这些缝隙进行彻底浇水。
- 将健康的生长初期的马铃薯块茎推到栽培袋的底部附近，用土壤覆盖。
- 将马铃薯浅浅地埋在土壤中。
- 定期检查土壤是否湿润，但是不要浇太多的水。
- 抽芽时，如果有霜冻的危险，晚上用报纸将其覆盖。
- 当你准备收获早期马铃薯时，就将块茎挖出。
- 无需同时采摘所有的马铃薯；但要用土壤覆盖块茎，尤其是当未来几天预计会出现霜冻时。

可随处摆放的盆栽容器

很少有植物盆栽容器能像栽培袋那样用途广泛，除了放在露台或阳台上用于种植蔬菜外，它们还是将夏季观花植物引入平层屋顶的理想选择，无论是在住宅的扩建部分还是在车库，都可以在其中放置茂盛的植物，以及可以遮盖两侧的蔓生植物。

屋顶上植物的浇水工作是很困难的，但可以使用专门的软管配件。此外，如果用金属丝将软管固定在一根结实的竹杖上，并且末端弯曲，就可以轻松完成浇水工作。

种植口袋和搁架

不寻常但实用的功能可以为露台创造更多的色彩。这包括从露台地板上留下的几块砖、铺路石或铺路板，以提供地面种植空间，以及精心安装在墙壁和平面上的凹室和壁龛；花园台阶的两侧也可以用盆栽装饰使之更加美观。所有这些特点都使露台变得独特、更有趣，并扩展你的房屋。

新颖别致的仿造镂空树干的盆栽容器。

为小型植物提供家园的墙挂种植口袋。

墙壁上的设计空隙是种植小型、垂吊植物的理想场所。

露台中省去的砖块或铺路石为植物创造了生长空间。

种植口袋

放置在露台地板上的种植口袋是种植小型、矮生、匍匐植物的理想选择，包括百里香和其他经常种植在天然石材铺面之间的花园植物。不过，下雪后要注意不要站在上面，也不要用铲子或通过撒盐来清除该区域的冰雪，这样很快就会杀死它们。

袋式园艺

这些是用于种植一年生庭院植物的迷人盆栽容器，可以固定在墙壁和栅栏上。它们主体是黑色的塑料管，里面装着土壤，可以种植垂吊和灌木植物。适合种植的植物包括垂枝六倍利、三色紫罗兰、凤仙花、垂枝矮牵牛和马鞭草。你可以自己培植这些植物，或从园艺中心或苗圃购买；也可以在小袋中种植烹饪型草本植物，这非常适合小花园。

凹室

可以放置双人花园座椅的凹室营造了浪漫的氛围，特别是用芳香的攀缘植物如忍冬（金银花）和素方花（普通茉莉花）装饰。质朴的棚架和凉棚通常都有拱门，而屏风墙的用途很广，可以形成植物覆盖的凹室。也可以尝试用铁线莲（山地铁线莲）覆盖它们，铁线莲的生命力顽强，枝叶茂盛，在春末夏初会开出漂亮的花朵。

除了用于放置座椅长椅的大凹室外，小凹槽（见左图）也很受欢迎，用于展示花盆和水槽。如果区域较浅，可以种植直立的植物，用圆形的拱门来达到突出的效果。

小凹室和壁龛是盆栽容器的理想容身之所。

盆栽容器的搁架

除了在墙壁上建造凹槽以便放置植物外，还可以考虑留下一块伸出平面的砖头或瓷砖，以便在上面放置植物。在花园台阶旁的墙壁上建造突出的砖块就很吸引人，但要确保台阶有足够的宽度，以免手臂撞到它们。

墙壁上突出的砖块为摆放小盆栽提供了完美的搁架。

长椅

用砖块或旧铁路枕木约束土壤的长凳创造了不同寻常的特点；在地面上，播种草种或种植百里香；另一种选择是种植不开花和特纳盖黄金菊，又称无花洋甘菊。它几乎不需要修剪，当叶子被碰伤时，就会散发出一种清爽的甘菊香气。

手推车

实用的手推车

盆栽园艺的乐趣之一是为植物创造不寻常的盆栽容器，而且很少有像手推车那样吸引人的。旧的木制手推车以及非工业金属类型的手推车为夏季观花植物创造了极好的家园，特别是在涂上颜色并靠墙摆放时，颜色对比强烈或和谐；同时底部的排水孔对于确保土壤不受积水影响至关重要。

手推车的种植

充满夏日风情的手推车在花园中形成了一道亮丽的风景线。

- 检查手推车是否完整（见下文），然后将其放在展示位置。
- 为防止底座的木材腐烂（或金属生锈），在整个底部区域铺上一层塑料布，并将其刺穿以形成排水孔，与木质或金属底座上的排水孔位置一致。
- 添加一层厚厚的鹅卵石，以确保多余的水从土壤中排出。
- 用排水良好的，且是壤土基的土壤将手推车填满并夯实，如果手推车很大，可以添加额外的粗沙。
- 从手推车的中间开始种植，种植主导植物；向外种植，直到外缘种满蔓生植物。
- 种植完成后，将塑料与顶部修剪平齐。
- 缓慢但彻底地给植物浇水。如果仍有霜冻的风险，在夜间用报纸覆盖植物以达到保护作用。

微型木制手推车的制作

与制作全尺寸的木制手推车相比，制作一个高30cm、宽27cm、长89cm的微型手推车要容易得多。为此，你将需要以下物品。

- 五个面板，用来组成盒子（加上26个镀锌螺丝）；
- 两条支腿（每条支腿加2个镀锌螺丝）；
- 两个手柄（船用胶合板），在车轮端部有螺栓大小的孔；
- 一个轮子（用厚的船用胶合板制成），中间有一个大孔，已钻孔，有两个垫圈；
- 一个螺栓（用于固定轮子）。

步骤4
将箱子的侧面拧到底座上。

添置守护精灵雕像

可以在微型手推车的四周放置一些守护精灵的雕像，营造一种小巧可爱而又不同寻常的效果和氛围。选择有容器功能的雕像，这样你就可以在里面种植开花植物。

步骤2
安装轮子，用螺栓和垫圈将其固定在手柄之间，手柄也构成主要的支撑框架。

步骤3
将箱子的底座拧到手柄上，为车轮的转动留出空间。

步骤1
将手柄拧到支腿上。

检查手推车

春天，在手推车装满土壤并摆放到展示位置之前，一定要彻底检查手推车。

- 检查车轮托架以及车腿和手柄的固定情况。对于木制手推车，金属支架可以用螺丝固定，而对于金属类型的手推车，通常只需要拧紧螺栓即可。
- 如果车轮支架已经锈蚀到无法使用的程度，可以将手推车放到合适的位置，用几块带有装饰的砖头或一块坚固的木头来支撑，以度过夏天。

其他盆栽容器的循环利用

- 三个汽车轮胎连成一摞，涂成白色，打造一道不同寻常的风景。将夏季观花植物放在一个塑料桶里（底部有孔），然后放在轮胎中心内置的砖块上。
- 在沿海地区，一个小的旧划艇可以成为盆栽植物的家。

花桶与酒桶

在大花盆中种植草莓可以在露台中形成一个赏心悦目的特色，而且肯定会吸引人们的注意力。这样做的一个好处是，在桶中种植的草莓通常不会受到蜗牛和蛞蝓的威胁。虽然会吸引鸟类，但在果实成熟时，可以在桶上铺上网兜。在土壤肥沃且持续潮湿的环境中，桶装草莓植株有更好的生存机会。

在花桶中种植草莓

桶装草莓植株的准备

准备一个结实的花桶，其桶板（木制部分）和金属带都在原位且无损坏，这是长期使用的必要条件。用肥皂水清洗花盆的内部和外部，然后彻底冲洗。以下是准备花盆的步骤。

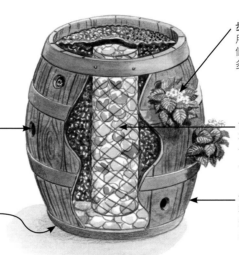

步骤 2
在金属带之间钻一系列12～18mm宽的孔。然后，用栓孔锯将其扩大到约5cm。

步骤 1
将桶倒置并在底座上钻18～25mm宽的排水孔。检查木材的强度是否足以支撑土壤。

步骤 5
用粗糙的鹅卵石填满管子，然后加入土壤至最低孔的水平。在每个孔中种一株草莓并添加更多的土壤；在顶部种上几株草莓，然后浇水。

步骤 4
将2.5cm的金属丝网卷成10～13cm宽且足够长的管子，长度足以立在底部的鹅卵石上，且刚好低于桶顶。

步骤 3
将花盆竖立起来，放在四块坚固的砖上。检查桶的顶部是否平整；用10～15cm的大鹅卵石填充底座。

支架上的酒桶展示

准备

- 彻底清洁酒桶，然后用水冲洗。
- 在一侧，在金属带上钻四组以三个孔为一组的孔，形成一个 35cm 的正方形，将金属带拧紧。
- 在酒桶的侧面钻四个 12mm 的孔，相距 30cm 并形成一个近似正方形，使用栓孔锯切割桶板并将它们连接起来。
- 用钢锯切割金属带，开一个"天窗"。
- 在另一侧钻排水孔。
- 将花盆放在支架上，在其底部填上卵石，然后填上土壤，并种上植株。

种植的选择

在酒桶里种植灌木以及蔓生的夏季开花的植物看起来不错。然而，为了全年都有展示可欣赏，可以在种植窗上种上长生草属植物。有许多种类可供选择，包括观音莲、佛座莲和卷绢。

桶的土壤

由于观赏性花盆是长期的特色，因此要使用排水良好、以壤土为基础的土壤，并在其中加入额外的粗沙。不要使用软沙、泥炭土，因为它们容易压缩，最终会排出空气并减弱排水性能。

盆栽植物的护理

种植在盆栽容器中的植物需要定期护理，特别是在吊篮、壁篮和窗槛花箱中种植夏季观花植物，这些植物被放置在一起，创造出当季时下密集和多彩的展示。其他的多年生植物，如灌木和乔木，也需要照顾，特别是在冬季，霜和雪可能是一个问题。种植在盆中的春季开花的球茎植物通常没什么麻烦。

选用新鲜的自来水还是雨水桶里的水

只要有条件，就使用直接从外部水龙头取来的淡水。当然，在冬季，温度会很低，但由于吊篮、窗框和墙篮的大多数浇水是在夏季进行的，所以这不是一个需要考虑的因素。在早些年，曾建议使用储存在雨水桶中的水。然而，在某些地方，装满从屋顶引下雨水的桶可能会被微生物和杂质污染。

植物浇水

吊篮

如果不浇水，吊篮里的植物很快就会枯萎，花朵首当其冲，叶子和茎干随之枯萎，整株植物看起来很不雅观。如果继续忽视，总有一天，无论给植物浇多少水，它们都不会恢复。因此，给吊篮浇水的原则是在任何时候都要保持土壤均匀湿润，但绝不能积水。

有几种给吊篮浇水的方法（见下文）。站在凳子或梯子上可能很危险，尤其是放在不平整的地面上并且花篮很高时。因此，最好使用能够从地面为吊篮浇水的软管配件。

↖ 软管配件可以使水被吊篮中的土壤缓缓吸收。这些塑料管末端弯曲，因此不会浪费水并可将水导入吊篮中。有些设备具有触发式机制，可以在每个吊篮之间关闭水源，而其他设备只是提供连续的水流。

↖ 自制的软管配件很容易制作。只需要一根结实的1.2m长的竹竿和一段金属衣架上的金属丝。将软管放在竹竿旁边，一端突出15～20cm；剪下三根15cm长的铁丝，将软管固定在竹竿上；用一根稍长的铁丝将软管的一端固定成一个曲线。

↗ 在吊篮难以浇水的情况下，可以将其取下，放在一个塑料桶的顶部，然后将水轻轻地滴到土壤上。当吊篮处于这个位置时，可以给土壤多浇几次水，以确保土壤完全湿润。在放回原位之前，让多余的水分排出。

↘ 如果吊篮里的土壤变得非常干燥，而且一浇水就马上流失，那就把吊篮拿下来，把它浸在水里。当土壤中不再有气泡冒出时，取出吊篮，排出多余的水。如果植物因缺水而受损，则应去除枯萎的花朵。

窗槛花箱

悬挂在窗外窗台上的窗槛花箱可以从里面浇水，这是楼上窗户的理想选择。位于窗户下方的托架上的窗槛花箱更容易从外面浇水。只要有条件，在软管上使用专门的延长配件，以保证浇水工作是安全的。千万不要为了给更高的窗槛花箱浇水而站在箱子上。

陶制花盆

如果花盆放置集中时，把水管的一端绑在藤条上，缓慢地将水滴到土壤上，浇水的任务就容易多了。当陶制花盆刚种上植株时，土壤很容易被猛烈的水流打乱。

当灌木和小型乔木种植在陶制花盆中时，可以用一个结实的木销钉敲击罐子来判断是否需要浇水。如果在敲击时，陶制花盆发出清脆的声音，那就需要浇水，而如果发出沉闷的声音，那就说明土壤已经足够湿润了。

植物的施肥		
吊篮	窗槛花箱，墙篮和花槽	花桶、陶制花盆和种植槽
这些植物一般为夏季观花植物，其观赏时间为春末至秋初，为了更好的观感，经常会在其中添加一些观叶植物。因此，在整个夏季，每两个星期施肥一次是必不可少的。 ● 最简单和最好的方法是在浇水时在水中添加液体肥料。通过这种方法，整个吊篮的根系都会得到滋养。在施用液体肥料之前，一定要立即给吊篮浇水。千万不要在干燥的土壤上使用肥料，因为这可能会烧伤和损坏植物的根部。 ● 有时可使用颗粒肥料和肥料棒，但这些往往会导致整个盆栽容器内的根系发展不平衡，这可能会对一些植物造成损害。	这些都成为许多不同类型的植物的家园，与吊篮的植物类型相同，可以用同样的方式浇水和施肥。 ● 它们还在春天创造令人兴奋的展示，球茎植物和耐寒的两年生植物，如重瓣雏菊和西洋樱草。这些植物在秋季就位，不需要任何施肥；球茎植物是大自然的能量仓库。 ● 窗槛花箱也有冬季展示，通常由晚冬开花的球茎植物、小型常绿灌木、针叶树和垂枝植物组成，如杂色小叶洋常春藤。这些植物都不需要施肥，除非它们要长期种植在窗槛花箱里。	花桶、陶制花盆和种植槽为许多不同类型的植物创造了家园，这影响了它们的施肥需求。 ● 在花盆和花槽中种植短暂的夏季观花植物，特别是种植在泥炭基的土壤里，在整个夏季定期施肥对于保持有吸引力的展示至关重要。 ● 如果种植的植物具有更持久的特性，特别是种植在以壤土为基础的土壤中时，就没有必要定期施肥。 ● 当在小花盆和大盆中种植生长期持久的灌木和小型乔木等植物时，在春季要除去约2.5cm的表面土壤（不损害根部），并换上新鲜的堆肥。

枯萎花冠的清理

丑陋的枯萎花冠

牢牢抓住主茎，同时弯曲将枯萎花冠的茎折断，并将其放在堆肥上。

定期清除枯花，有助于进一步开花。此外，如果枯花留在植株上，它们会促使疾病的出现，这些疾病可能会传播到所有的植物上。一些花有大量的小花，需要通过拉动或侧向扭动它们来单独清除。其他的花，如天竺葵，有成群的花附在一个茎上，要么把茎侧向折断，要么使用剪刀或锋利的刀将其清除。

促进丛生

有些植物具有天然的灌木生长习性，不必促进它们长出大量的茎。它们的茎是从叶子的连接处长出来的，无需对植物做出任何处理，而其他植物需要去除其顶芽或生长尖端来促进丛生。

倒挂金钟在幼苗期时，可将嫩枝剪至叶节上方，促使更多的嫩枝生长，这个操作需要重复几次，必须将嫩枝修剪到叶节以上，如果留下长长的、光秃秃的茎块，它们就会腐烂和枯萎。

用手指和拇指捏掉生长尖。

掐掉生长中的尖端，可以促进侧芽向下生长。

应对晚霜冻

春末的霜冻很快就会损害夏季开花植物的嫩芽。一些植物，如那些生长在吊篮里的植物，特别容易受到霜冻的影响，如果预测会有霜冻，在植物上和支撑链之间铺上几张报纸会有所帮助。但是，如果预报有严重霜冻，就把整个吊篮放在防霜温室或棚屋中。

窗槛花箱的夏季观花植物也有风险，这些植物也可以用几张报纸来保护。第72页介绍了保护常绿灌木免受严重霜冻的方法，以及防止土壤被水浸透、冻结和损害根部的方法。

在植物上铺几张报纸以防止晚霜的危害。

窗槛花箱的植物也需要用报纸覆盖以防止霜冻。

冬季防护

如果在冬季给予保护，免受霜冻和温度骤降的影响，许多略显娇嫩的灌木和乔木可以在温带气候中生长。落叶灌木和乔木在秋季落叶，以裸露的茎和枝条越冬，但常绿灌木和乔木面临的风险更大，这些灌木和乔木尤其需要保护。小型的可以搬到防冻的温室或暖房里，或者用稻草覆盖它们。

保护娇嫩的常青树

无论是在花桶、大陶制花盆还是在凡尔赛宫花盆中生长的幼小灌木或乔木，都可以用稻草覆盖叶子来进行保护。一旦气温下降，天气预报有霜冻，就应立即覆盖和保护所有娇嫩的灌木和树木。显然，保护植物的必要性取决于当地的气候，暴露在沿海地区时（有些地区被海水温暖的空气包围，有些地区则以低温著称）也会有影响。在整个冬季，需要定期检查稻草，一旦天气开始好转，立即将其移走。如果秸秆留在原地过久，当植物恢复生长时，可能会有被损坏的风险。

1 将 1 根长约 1.5m、柔韧的藤条插入接近盆边的堆肥中，深约 13cm。轻轻地把藤条顶部拉到一起形成一个圆锥形帐篷，这样它们顶部有 5～20cm 的部分交叉在一起，然后用结实的绳子将它们绑在一起，如果可能的话，把藤条向外弯曲，这样所有的植物叶子都在它们的区域内。如果一些嫩枝向外伸展，这通常不会造成影响，因为之后可以在它们上方覆盖一层稻草。

2 从藤条顶部开始，在整个表面均匀地铺上一层厚厚的稻草。通常需要把稻草推到几根藤条之间，使其暂时固定住。作为稻草的替代品，你也可以使用干草，但这不像稻草那样能抵御恶劣天气。把绳子的一端固定在顶部，并开始向下缠绕，呈轻微的螺旋状。随着螺旋的缠绕，进一步添加稻草，继续添加稻草，直到到达底部，这时可以把绳子的末端系在一根藤条上。

积雪的影响

常绿灌木叶子上的薄薄积雪层通常不会造成太大的影响；可以很容易地用软刷子或用藤条轻敲树枝将其清除。总地来说，必须在叶片、枝干结冰；随后落下的雪堆积在上面；导致树枝被压垮并最终导致变形之前将其清除。

在盆栽容器中生长的竹子通常足够耐寒，可以抵御温带气候的寒冷天气，但大雪会压弯其枝干，如果不将其转移，就会变形。

土壤的保护

在冬季，花桶和大陶制花盆里的土壤可能会变得过于湿润。当植物处于休眠状态时，过多的水分会损害土壤和植物的根系，特别是在冰冻时。因此，在晚秋时节，可以在土壤上放置两块砖（上图），以确保水分排出；或用塑料薄膜覆盖土壤（右图）；在冬末时，将其移走。

盆栽容器的保护

有些盆栽容器（比如那些由薄塑料或玻璃纤维制成的盆栽容器）在冬季对其中的土壤保护甚微，因此土球和根系处于危险之中。薄金属盆栽容器，虽然具有时尚和现代的外观，但也会将根部置于危险之中。用包裹稻草的麻袋覆盖这些盆栽容器，可以起到保护作用，但如果被雨水浸泡，然后结冰，就会像冰箱一样，所以需要密切关注天气状况，随时准备暂时把盆栽容器盖上（见下文）。

花桶和陶制花盆的冬季存放方法

冬天会对盆栽容器造成破坏，如果条件允许，将它们存放在有遮挡的地方。如果条件不允许，那么最好用塑料覆盖，以防止水渗入其中。虽然一年中的任何时候进水都会给木材带来风险，但水和冰冻温度的结合才是造成最大麻烦的原因。

托架和挂钩的安装

一般的老化、强风以及脆弱的摇摇欲坠的砖墙，使得支撑吊篮、窗槛花箱和其他壁挂式盆栽容器的托架有倒塌的风险，并对植物和人造成损害。每年秋季或春季，在放置盆栽容器之前，要检查硬件是否牢固，托架是否足够结实，以备新季节的使用。千万不要冒险，因为展示可能会被摔毁，并造成人员重伤。

固定装置应该有多牢固?

固定装置的正确使用

在墙上的固定装置是绝对必要的；下面说明了两种最适合使用的固定装置：

用于连接石膏板墙，或在门廊或前厅。

用于安装在室外和室内的砖墙上。

吊篮的定位

实用位置
- ✓ 靠墙、宽阔的露台和平台上。
- ✓ 路人的头或肩膀撞不到它们得地方。
- ✓ 不会被强风冲击的地方，因为强风会损坏植物并使支撑架松动。

不实用的位置
- ✗ 狭窄的道路旁边，水可能滴到下方的植物和从下面经过的人身上。
- ✗ 浇水和日常护理时难以接触到植物的地方。
- ✗ 花篮悬空挂在人行道的上方。

吊篮的固定

将洋钉钩固定在挡板或门楣上：这只适用于平房，即屋檐超出房屋墙体砖块 38cm 的地方。此外，只有在挡板或楣板是由坚固的木材制成，而不是由塑料或石膏板制成的情况下，才有可能这样做。为此一定要使用坚固的吊钩。

将托架固定在木墙上：有些房屋是由木制框架构成的，再加上木制或塑料覆层。在固定托架时，要检查所需位置的结构是否完好，是否能够提供支撑。标记好位置，用细钻头打出一个先导孔，提供螺丝的宽度。尽管如此，托架必须十分牢固。

支撑链：在有条件的情况下（尤其是大型的户外吊篮），吊篮采用四根链条而不是三根链条悬挂。然后，在每年春季，检查链条结实、受腐蚀和脆弱的程度，还要记得检查将其固定在篮子上的挂钩并确保其能牢牢挂在顶部。

窗槛花箱托架的安装

将窗槛花箱固定在墙上时，它们必须牢固、安全、美观、平整，并位于窗户下方的中心位置。在平开窗上，它们在窗台下的距离很重要，以便使窗户能够在植物上方自由开合。

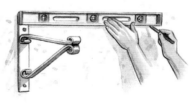

1 首先，从窗台向下测量，在墙上标出第一个托架的顶部（窗框的深度加上 15～20cm）。确定托架的位置，使窗槛花箱在两边各三分之一处得到支撑，但要在窗户的中央。

2 在墙上标出钻孔的位置，然后用一个砖石钻打孔。将墙锚推入每个孔中，然后用镀锌螺丝将托架牢牢固定在正确的位置。

3 将另一个托架固定在适当的位置（与窗户的另一侧保持相同的距离），用木匠水平仪标出钻孔的位置；插入墙锚，将托架拧到位；检查窗槛花箱是否无法向前跌落并脱离托架（大多数托架都有凸缘）。

防盗

有一些安全装置可以防止吊篮及其展品被盗。另外，也可以在支撑钩上缠绕一些结实的金属丝。

电钻的安全使用

在使用有线电钻时，一定要检查是否安装了断路器，一旦发生短路，将立即切断电源。

虫害和病害

如何使盆栽植物保持健康

吊篮、窗槛花箱和墙篮，以及陶制花盆和花桶，在夏季都会长满娇嫩的植物，为害虫创造美妙多汁的盛宴，成为传播疾病的绝佳场所。一些害虫，如蜗牛、蛞蝓、潮虫和蠼螋，具有爬行的特性，而其他害虫则会飞行，并很快从一个盆栽容器传播到另一个盆栽容器。保持警惕是非常重要的，在浇水和照料植物的时候，要检查是否有病虫害存在，并立即采取防治措施。

仙客来螨虫

经常出现在室内的仙客来和天竺葵上，因此偶尔也会出现在前厅的吊篮里。需要把受感染的叶子摘除，或者把严重受感染的植物销毁。

红蜘蛛

这些有时会侵扰前厅的植物。它们吸食汁液，造成植株白化。需要加强通风，在叶子上使用内吸杀虫剂进行薄雾喷洒。

灰霉病

通常被称为灰霉病，在花和软茎上形成蓬松的霉菌状生长物。切除并销毁受感染的植物；加强通风并使用杀菌剂。

病毒

病毒会感染许多植物，导致变色和变形。叶子可能出现白色条纹。目前还没有治愈的方法：扔掉并焚烧感染严重的植株，喷洒杀虫剂杀死传播它们的蚜虫等吸食性害虫。

毛毛虫

它们咀嚼柔软的叶子和茎，使其变得难看。一旦出现毛毛虫，应立即杀死它们并销毁。此外，每隔十天用杀虫剂喷洒植物。在夏季结束时，将所有无用的植株拔出并焚烧，以防止第二年的虫害。

白粉病

这种病有时会在叶片上覆盖一层白色的粉状沉积物。偶尔会出现在室内的植物上，所以要检查前厅的植物。摘除受感染的叶子，改善通风，并喷洒杀真菌剂。

木虱

它们会爬墙，侵扰墙篮和窗框，以及露台中的花盆、花桶和种植袋中的植物。它们主要在晚上出没，啃咬叶子、茎、花和根。需要撒上杀虫剂。

粉虱

这是一种小型的、白色的、像飞蛾一样的昆虫，从一株植物飞到另一株植物，吸食树液，造成斑驳。需用杀虫剂喷洒，控制这种昆虫较为困难。

安全第一

喷洒在花园和前厅植物上的化学品对害虫是致命的，因此必须高度重视。

仔细遵守制造商的说明。不要使用高于建议浓度的化学品，因为这样做不会更有效，甚至适得其反。

- 不要混合使用两种不同的化学品，除非推荐这样使用。
- 在使用之前，检查化学品是否会损害特定植物。
- 将所有化学品放在远离儿童和宠物的地方。不要把化学品转移到儿童可能认为装有提神饮料的瓶子里。
- 不要用同样的喷洒设备处理除草剂和杀虫剂。
- 使用后彻底清洗所有喷洒设备。

蓟马

蓟马在前厅和门廊侵扰植物，它们在一株植物之间反复跳跃，造成条纹和斑纹。需要使用杀虫剂。

蚜虫

这是一种害虫，吸食树液，造成斑驳和变形。黑蝇有时也会侵扰植物，特别是旱金莲。整个夏季需要每隔 10 ～ 14 天用杀虫剂喷洒植物。

蠼螋

这是一种害虫，白天躲藏起来，晚上咀嚼和撕咬叶片、花朵和软茎。它们会攻击窗槛花箱和墙篮的植物，如果它们能够触及到吊篮，也会攻击其中的植物。将它们捉下并杀死；也可以用杀虫剂进行喷洒。

蜗牛

它们的胃口与蛞蝓相似，并以同样的方式侵扰植物。使用诱饵和陷阱把它们捉下来。

蛞蝓

这是自然界的隐形害虫；它们白天躲藏起来，晚上出来侵食花桶、陶制花盆、栽培袋和露台中其他盆栽容器中的植物。它们也会爬墙去破坏窗槛花箱和墙篮的植物。把它们捉下来杀死，也可以使用诱饵和陷阱，如装满啤酒和糖的碟子。但是要注意，不要让家养宠物和野生动物接触到诱饵或陷阱。